中國滲透

揭開中共不戰而屈人之兵的隱形攻勢

STRATEGIES FOR COMBATING CHINA'S PLAN TO "WIN WITHOUT FIGHTING"

美國國防部戰略專家與智庫學者，
深入台灣與泰國兩地，直擊中國無孔不入的政治作戰。
為何中共在泰國已取得全面勝利？
台灣雖然暫時成功抵禦，但接下來呢？

KERRY K. GERSHANECK
凱瑞・葛宣尼克——著　余宗基、簡妙娟——譯

POLITICAL WARFARE

謹以本書紀念

喬治・肯南（George F. Kennan 1904-2005）

這位非凡的美國政治家於 1948 年 4 月撰寫了

《組織性政治作戰問世》（*The Inauguration of Organized Political Warfare*），

旨在動員自由世界進行公開和祕密的政治作戰以戰勝蘇聯，

並最終在漫長而艱苦的冷戰中取得勝利。

目錄

Contents

推薦序——

一本對抗中國政治作戰行動的寶典

華萊斯・葛瑞森（Wallace C. Gregson Jr.）

凱瑞・葛宣尼克教授針對中華人民共和國的政治作戰行動，對美國造成自由和價值的生存威脅所進行的研究，在建構完整的知識體系上具有重要貢獻。他提供了相當深入的研究且廣泛的觀察，闡述了中國威脅的性質以及中國共產黨（後文簡稱中共）如何實踐政治作戰戰略、教義和實際操作。此外，葛宣尼克教授提供了詳細而富有啟發性的案例研究，介紹了中共政治作戰的行動設計，如何破壞美國盟友泰國和親密友邦台灣的雙邊關係。

這本書不僅僅是一本學術研究，它還在很大程度上植基於葛宣尼克教授在國家情報、反情報、國際關係、戰略溝通和學術界的廣泛經驗。尤其，身處對抗中國政治作戰的最前線，他的實務經驗超過了三十五年的歲月。他親眼目睹了美國在政治作戰運用上的巔峰時期，以及隨著冷戰結束後美國對高階政治作戰的組織單位、教育和作法，逐漸棄而不用。

身為美國海軍陸戰隊太平洋部隊的指揮官，我在二十一世紀初觀察到一個令人極其不安的趨勢，這在很大程度上是肇因於美國開始裁撤掉自己的政治作戰部門。顯而易見，美國政府、商界、學界、文化界和其他菁英，正日益喪失認知和對抗中共政治作戰的能力。直到二〇〇九年我擔任美國國防部亞太安全事務助理國務卿時，美國對北京當局的惡意影響力、說服、恐嚇、脅迫、滲透和顛覆所展現出的無知和無能已經更加凸顯。甚至在美國國防部的最高層級，由於高階領導只聚焦於正發生在西南亞的衝突事件，對中國迅速崛起的威脅關注不足，因此很難轉移注意力和資源來全力對付中國。

本書英文版出版時，美國正處於二〇一九年新冠肺炎（COVID-19）大流行、中國發動大規模政治作戰行動期間，以試圖改寫有關其在疫情中的角色、歷史。這次大流行的情況可能非比尋常，但恰好展示了中共典型政治作戰的綜合手段運用，包括掩蓋、欺瞞、虛假信息、強迫、施壓和恐嚇。因此，美國對中共威脅性質的警覺突然被再度喚醒。這使得這本書的出版更加具有時效性、相關性。我認識葛宣尼克教授已超過二十五年，此期間他展現了卓越的戰略規劃、研究、分析和實作等能力。他非常精通學術研究和理論建構，同時具有熟稔實踐操作的豐富經驗，他將自己獨特的觀點和能力在這個重要的研究主題上，盡情揮灑。

這本書不僅是號召行動的書籍，同時也是對中國政治作戰威脅的重要研究。雖然美國已開始更加認真地思考重返政治作戰戰場，但顯然還有很多工作和國家資源的投入尚未到位。葛宣尼克教授在本書中提供了有用的戰略、作戰和戰術層級的建議，這些都是能有效遏制、對抗和擊敗中國的政治作戰行動，發展成國家一致性戰略的成功關鍵。

（本文作者為美國退役中將、二〇〇九年至二〇一一年擔任美國國防部亞洲和太平洋安全事務局助理國務卿。）

推薦序——

一份給全球華人的禮物

大衛・史達威（David R. Stilwell）

這本由葛宣尼克教授所撰寫的《中國滲透》中文版，是一份送給台灣人民的禮物，特別是在他們歷史上的這個關鍵時刻，同時也是給全球華語人民的禮物。

台灣於二〇二四年的總統大選中，強烈拒絕了中國共產黨通過軍事恐嚇和資訊、經濟脅迫以吞併台灣的企圖。這本雋永的著作將有助於強化台灣人民對抗這種攻擊：加深讀者對中共正在摧毀該國民主、自由和主權的隱形戰的理解；就像在香港發生的那樣。

同樣重要的是，它提供了有價值的建議，教導讀者如何更有效地對抗這種威脅。全球的華人散居者（diaspora）也將受益於這本書：他們逃離中華人民共和國是為了擺脫中共及其失敗的意識形態，這些散居者比任何人都更了解及時識別並擊敗中共政治作戰企圖的重要性。

（本文作者為美國退役准將、二〇一九年至二〇二一年擔任美國國務院東亞及太平洋事務局助理國務卿。）

推薦序——

對抗中國「不戰而勝」計畫的策略

博明（Matt Pottinger）

葛宣尼克教授開創性著作《中國滲透》一書的中文譯本，是對台灣自由人民和世界各地中文讀者的重大貢獻。身為曾經擔任美國副國家安全顧問一職，我對葛宣尼克教授這本書的重要論述主軸特別感興趣，並且經常向關心中國共產黨透過「政治作戰」對所有國家構成生存威脅的官員推薦這本書。

本書為偵測、揭露中共陰險惡性影響、恐嚇和干擾，提供了良好的概念架構。它精心描繪出中共「政治作戰」的路線圖，並提供了詳細的案例研究，其中包括台灣。特別重要的是，葛宣尼克教授的《中國滲透》一書還提供了完善的建議，將幫助台灣和全球民主國家更有效地嚇阻、反擊和擊敗中共對民主國家所形成的生存威脅。

（本文作者於二〇一九年至二〇二一年擔任美國國家安全委員會副國家安全顧問，著有《沸騰的護城河：保衛台灣的緊急步驟》〔*The Boiling Moat*〕。）

推薦序——

中國統戰並非只是統一台灣而已

王立

「政治作戰」在台灣是一個被遺忘、被醜化的名詞，藍營不想要提起，綠營不願意談及的項目。或者說，從上個世紀開始，意識形態、泛政治化等名詞的出現，就注定了今天「政治」兩字被抹黑的命運。

政治作戰不是新名詞，在軍事戰略上具有極悠久的歷史，只是過去不會稱為政治作戰，而隸屬於情報體系；直到人類社會越趨複雜，針對敵人的非軍事手段越來越多，在各種手段專業化後，被統稱為政治作戰罷了。

心理戰、法律戰、資訊戰……都可以被囊括到政治作戰的領域，那又為何在今天，我們又需要重新拾起政治作戰，為何不就各領域設立專責機關即可？答案非常簡單，自上個世紀共產政權崛起後，狀況就變了。

傳統上，兩國間即便有敵意，在非戰爭期間內，雙方的情報滲透、收買、破壞，都有一個局限性在；我們也可以解讀成，文明國家彼此間有一定默契，檯面下的手段不能太黑。因為，現代工業國家若毫無下限，僅為了利益就在敵國的各個領域全面進行破壞摧毀，這無異於人類文明的倒退。

而共產主義本身就認為工業社會應該要被「進化」，毀滅而後重生，自然對於破壞文明基礎沒有心理負擔，政治作戰的範圍遂被無限擴大，幾近無所不包。抱持無神論、唯物論的共產黨，根本不在意現代文明被摧殘的後果，尤其是精神文化層面上。

這就是我們要重拾政治作戰的理由。對共產黨而言，和平狀態是不存在的，只是一種暫時的休戰，既然仍處於戰爭階段，那對敵人施加任何手段，都是理所當然。

而這正是政治作戰在這三十年間，不僅僅是台灣，在西方各國迅速被踢出國家安全討論的理由。誰會想要揣測對方抱持惡意，這種生活太辛苦了，冷戰結束後，共產威脅已經消失，何必小人之心？

本書內容有相當多涉及外國的部分，台灣讀者應該不會感到陌生，因為皆是過去我們所經歷過的。但台灣人應該不曉得，中國對外的滲透非常靈活，靈活到沒有底線，幾乎達到生活即滲透的程度。所以民主國家才會覺得，先要定義清楚才進行行動，完全忘了共產黨最終目的，本就是民主制度的崩解，以及整個世界的專制化。

以統戰兩字為例，台灣人往往以為，統戰指的是對台灣的統一作戰，專指中國想要的統一。實則不然，統戰的全名是「統一作戰」，中國統戰部全名為「中國共產黨中央委員會統一戰線工作部」。名詞本身就能說明很多事，首先，這是由中國共產黨控制，還是層級最高的共產黨黨中央主導，進行「統一戰線」的工作。

台灣人大多沒聽過統一戰線，統一戰線是列寧的理論，可以簡化「聯合盟友、打擊敵人」，是一種非常簡單粗暴又有效的政治手段。這原本是基於階級鬥爭，聯合工農階級與小資階級以對抗資本階級的手段，後來衍生到無處不在，進化至可以聯合次要敵人打擊主要敵人。

在毛澤東手上，中共將統一戰線的概念變成中國特色，簡單說就是「不擇手段、沒有底線」。對符合中共利益的同一陣線來說，只要有某些共同利益就可以先拉攏本來沒那麼對盤、利益並不完全相符的另一陣營，以打擊主要敵人為先；等到主要敵人被消滅後，再回過頭來對付沒那麼對盤的對手。

換言之，這結合了中國傳統的帝王術，盡可能地削弱反對力量，待反對者消失後，再於內部製造另一批反對者，純化核心的同時，保有專制獨裁者的最大權力。

中國統戰部不是為了兩岸統一才產生的，是為了最大化共產黨利益而生的組織，所以滲透台灣、破壞內部團結，才是其最主要目的。而我們台灣人常見的反應卻是先釐清敵我，確認是不是真的有威脅，還要判斷有沒有政治意圖，待一切確認無誤，才能進行反制行動。

為何要重拾政治作戰，說穿了就是冷戰後民主陣營普遍的「和平癡呆症」。大家都覺得共產威脅不再，不想花心力去思考潛在敵人，結果就是被共產黨從內部重新滲透。敵人何止是從後門進入，自家人莫名其妙地就變成敵人。

書中有不少篇幅，談及美國政府人員在這些年的狀況，先是被混淆敵我，然後軟化抗敵意識，最後在利益下，自我說服成為共產主義的利益代言人，狀況與台灣近年何其相似。

若一切都是民主制度下人民的選擇，那無話可說。問題就在於中國對外的滲透，最終目的就是消滅民主，維持其共產黨的專制，在有中國特色的共產主義下，恢復朝貢體制，最大化北京統治者的利益。

民主制度不存，人民哪有保障可言，而對抗滲透的第一步，就要由重新認識名詞、定義名詞開始。

（本文作者為「王立第二戰研所」版主、《阿共打來怎麼辦》系列合著者。）

譯者序——台灣已成為中共發動政治作戰行動的試驗場

余宗基

葛宣尼克教授的研究《中國滲透》一書，是理解中共政治作戰行動，以及對中華民國台灣人民的自由民主構成生存威脅的重要閱讀指南。作者在這一重要的學術著作中，詳細解說了中共政治作戰的發展歷史、意識形態、組織運作和各種策略手段。

他讚揚台灣近年來在反擊中共政治作戰方面具有相當豐富的實戰經驗，並進一步建議台灣應該建立「亞洲反制中國政治作戰的威脅對策卓越中心」，並將台灣的成功經驗與所有民主國家共享；同時以集體的默契和行動，抗衡中國的「灰區行動」「經濟脅迫」「認知戰」與「惡性影響力」。他在書中附錄還提供具體詳細的政治作戰訓練課程和內容，希望藉由推廣教育及人才培育，以協助台灣在面對未來持續且不斷演變的中共政治作戰伎倆時，能有效對抗中國所發動的無煙硝戰爭。

本書很大程度上是基於葛宣尼克教授三十年來在台灣、泰國等地豐富的實務工作經驗，以及他在此期間擔任美國國家戰略溝通、反間諜、情報工作和國際關係教學方面的親身經歷。我認識作者且了解其學術研究工作已經十多年了，在我擔任國防大學政治作戰學院院長期間，經常邀請他與教職員、學生進行講座和討論，因為他的研究、分析和建議，對台灣的國家安全有重要的參考價值。

尤其，當前台灣已成為中共發動政治作戰行動對抗其他民主國家的試驗場。因此，本書對中共如何利用政治作戰行動破壞民主制度、分化國家團結、製造社會動亂，以實現最終吞併民主國家的政治目標，具有相當嚴謹的邏輯分析，同時也分享諸多其第一線觀察的研究心得。因此對於想了解中國如何運用非軍事行動達成「不戰而屈人之兵」的讀者而言，具有相當寶貴的參考價值。此外，作者有系統地蒐整台灣與泰國兩國如何因應中國政治作戰威脅，讓其他民主國家可以透過研究兩國在這場持續對抗中的成功和失敗經驗，學到很多有價值的實際經驗。

值得特別強調的是，葛宣尼克教授的《中國滲透》一書，提供台灣民選官員和政策制定者非常有用的建議，以阻止、對抗和戰勝中國的政治作戰行動。儘管台灣已經在政治作戰戰場上累積相當豐富的實戰經驗，但隨著中國對台政治作戰威脅不斷加劇、手段不斷推陳出新，台灣絕不能有絲毫鬆懈，仍需時時提高警覺，持續投入大量工作和國家資源才能確保台灣安全。本書提供了出色的戰略、戰術和實戰層面的建議，我因此向國內關心此一議題的讀者們，鄭重推薦此書。

（本書譯者為前國防大學政戰學院少將院長，現為台灣大學共同教育中心兼任助理教授。）

自序——

正視中國的滲透，已刻不容緩

政治作戰不是一個嶄新的現象。它的實踐運用跨足了數千年，並且不僅限於中華人民共和國（中國）。儘管如此，中國共產黨（中共）在進行政治作戰方面的確表現出令人刮目相看的能力。

中共的政治作戰不僅具有獨特的挑戰性，還對美國及其朋友和盟邦構成了生存威脅。中共不再掩飾對民主、法治、言論自由和人權等概念的輕蔑，也不再隱藏建立植基於其極權模式的新世界秩序的意圖。政治作戰是中共用來擊敗美國的主要工具，這是中國所謂的「不戰而屈人之兵」，邁向勝利之路的神奇法寶。

中國的野心並不是一種理論上的揣測。北京每天都在展示其覬覦的渴望和能力，以顛覆和擊敗（或者使用中共的術語來說，是「分化和裂解」）美國和其他外國勢力。這種意圖和能力在本書中有相當詳細的探討，其中包括中共試圖收買美國的條約盟邦泰國、占領台灣，以及美國與台灣之間特殊關係的案例研究。

中國對泰國複雜且極度成功的政治作戰成果將會讓許多讀者感到驚訝，中共不斷嘗試和惡毒陰險的程度也令人怵目驚心，中國最終目的就是要奪控台灣。想像中國這些陰謀詭計如果得逞，其最終結局將會如何呢？泰國有可能須承擔淪為北京朝貢國地位的風險；而台灣則可能面臨國家主權的滅絕，失去得來不易的自由，以及人民遭受殘酷的鎮壓。

特別令人擔憂的是，在中共試圖分化和裂解我們的政治作戰行動中，我們此刻還沒有取得勝利。勝利絕非理所當然之事，甚至在此刻也看不見成功的可能性。

這就是為什麼我要寫這本書的主要原因。美國必須扭轉似乎不可避免的失敗，這需要重新學習如何威懾、對抗和擊敗中國的政治作戰威脅，這是一項十分艱鉅的使命。但首先，作為一個國家，我們必須願意且能夠正視此種威脅。這句話可能理所當然，但這個任務實際上比表面上看起來要困難得多。

雖然花了大約十二個月的時間來研究和寫這本書，但可以說，這項工作是超過三十五年的經驗和學習的結晶。作為一名曾是年輕的美國海軍陸戰隊反情報官，我在一個特別陰鬱沮喪的冷戰時期，就在南越、柬埔寨和寮國淪陷於中國支持的共產主義勢力之後，首次接觸了中共的惡性影響力行動。那時，我研究了中共和蘇聯正在進行的政治作戰，學習了他們如何運用間諜、破壞和顛覆手法。然後，我有幸親自參與，實際擔任次要的支援角色，協助打擊他們在亞洲和其他地方的政治作戰和間諜行動。

喪失方法以抵抗政治作戰威脅的美國

值得注意的是，那個時代打擊共黨極權的政治作戰行動相對比較容易，因為大多數美國政府高級安全和外交官員，以及美國商界、工業界和新聞媒體領袖，至少對敵對威脅有一些基本了解。但今日的情況並沒有那麼幸運。

這些經驗的逐漸成形，加上後來更廣泛參與情報和反情報、戰略溝通、國際關係和學術等領域的實際接觸，為撰寫本書主題奠定了堅實的基礎。同樣重要的是，我曾在美國新聞署（U.S. Information Agency）擔任國防部聯絡官，也在美國新聞處（U.S. Information Service）的海外工作期間積累相當的實務經驗。

儘管撰寫本書的過程中，充滿了許多令人鼓舞的經歷，但有時也揭開了令人深感失望的現實。以下是我所體悟到，令人憂心不已的簡要概述，這些見解讓我深信撰寫關於本書的主題——政治作戰，對每位讀者而言，將深具參考價值。

首先，中共在運用政治作戰方面相當擅長。相比之下，美國則相形見絀。雖然，在冷戰期間我們相當擅長此項技能，但隨著蘇聯被美國打敗之後，事實上，也等於正式宣告美國的「政治作戰已走入了歷史」！我們被告知我們將生活在一個單極、無威脅的世界中。因此，我們關閉了賴以成功的政戰部門和相關功能單位，並在近三十年內鬆懈了應有的警覺，這期間我們政治作戰的攻防技能逐漸萎縮。儘管我們付出了一些努力來對抗激進伊斯蘭國和俄羅斯，但我們幾乎疏於防備最大的威脅：中國。

其次，在這三十年的過程中，我們沒有為我們的民選官員和政策制定者、軍事和外交部門官員，以及商界、工業、娛樂、商業、新聞媒體和學術界的領袖們做好準備，以了解、因應中共政治作戰的威脅本質，這是一場持續不斷、永無止息的鬥爭。自冷戰結束以來，許多美國菁英雖在職場重要領域取得了崇高的職位，但卻沒有任何人提醒他們，敵方的政治作戰可能帶來的危險，或者如何對抗它。

尤其一九九二年後，與政治作戰有關的課程從傳統上培養美國外交官、民選官員和軍事領袖的大學課程中消失了。因此，失去有系統的方法來教育新興的國家領導人了解政治作戰的威脅，並幫助他們對其戰略和戰術進行打預防針式的反制作為。事實上，從我定期與聲譽斐然的碩士學位課程和美國軍事指揮與參謀學院的應屆畢業生交談中，畢業生們幾乎無一例外地告訴我，在這些享譽盛名的學術機構裡，他們通常被灌輸、教導：中國是我們的「夥伴」不是威脅。他們學到了一些關於軟實力和硬實力的知識，但他們並沒有接受到有關政治作戰的相關教學。

我親自觀察到上述欠缺的相關政戰課程，造成許多美國政府官員和官僚對政治作戰的基本概念完全不了解。至於對那些聽過「政治作戰」一詞的人來說，則認為政治作戰的概念「太複雜」，或者最多只是一個「小眾問題」。這種看法與一位在亞洲美國代表團工作的美國高階官員，當他於二〇一八年被指派協助我的研究主題時所說的大致雷同。

對中國隱形戰的「事不關己」症候群

此外，按照刻板印象的官僚形式風格，許多政府和民間部門的人將敵國對美國進行的政治作戰視為「很重要，但不關我的事」。前美國國家安全委員會（National Security Council，NSC）高級委員羅伯．斯伯汀（Robert S. Spalding），在其頗受好評的《隱形戰：

中國如何在美國菁英沉睡時悄悄奪取世界霸權》(*Stealth war: how China took over while America's elite slept*) 一書中，詳細描述了他在試圖動員民間人士和政府官員共同對抗中國的惡性影響力時所親身經歷的痛苦，如何處理「事不關己」症候群尤其如此。

另就政府和機構層面而言，美國顯然已經失去認知政治作戰威脅的能力，包括：教育其菁英和官員了解政治作戰、優先配置資源解決它，並計畫和實施行動予以阻止、對抗和擊敗它。換句話說，我們已為未來在資訊戰戰場上如何落敗，創造了完美的處方。

第三，有時我們未能認知和對抗中國的政治作戰手段，僅僅是出於無知和無能，但更多時候卻是有意為之，原因往往是被收買、被脅迫、被賄賂、被灌輸、被恐嚇或被心理操控等因素。政戰專家格蘭特．紐沙姆（Grant Newsham）也是知名的安全分析師解釋中共如何創造條件，使人們能夠有意識地決定支持、協助、道歉或為其極權主義政權掩飾。紐沙姆觀察到，中國人理解「目標對手的弱點」，並利用「美國人的貪婪、無知、天真、虛榮和傲慢」。他說，北京方面「在廣泛的領域發動攻擊，成功地操縱了美國商界和華爾街、政府官員和政治菁英、學界，甚至是美國的軍事領導人」。

第四，中共不只是支配那些願意配合者的行為，也對他們的行為進行操控。在美國政府、商界和學界的最高領導階層，他們受到中國心理操控的影響程度令人吃驚。我在美國政府的經歷，尤其是在國務院和國防部，提供了一些關於美國社會結構的重要剖析。以下的軼事突顯了美國面臨的一些挑戰，以便將「國家巨輪」引向正確的方向，以應對中共的政治作戰挑戰。上述諸原因激勵了我決心寫下這本書。

《外交政策》（*Foreign Policy*）雜誌在二〇一七年八月發表了一篇令人震驚的報導，其中一部分標題宣稱「霧谷（Foggy Bottom）*對北京表現出難以理解的順服」。作者立即斷言，美國國務院自二〇一七年一月以來已經開始「危險地向中國傾斜」。雖然對國務院向中國傾斜的指控是成立的，但所提供的時間軸，卻是一個不實的描述。

多年來，一些關鍵的國務院官員似乎對中國非常順從。委婉地說，他們對政治作戰等惡性影響力行動漠不關心。否則，如何解釋美國東亞和太平洋事務局代理助理國務卿董雲裳（Susan A. Thornton），一位職業外交官，在二〇一八年底斷言她「從未看到任何證據」顯示中國正在美國進行隱匿的惡性影響力行動？

* 編按：霧谷位於美國首都華盛頓特區的西北區，因常被霧與都市廢氣籠罩而得名。由於這裡是美國國務院所在地，因此也成為美國國務院的代稱。

奇怪的是，她在發表那個令人震驚聲明的同時，已經有大量的證據來自美國聯邦調查局（Federal Bureau of Investigation）和中央情報局（Central Intelligence Agency），證明中國正在大規模影響美國的公眾輿論。董雲裳負責華盛頓的中國政策，但她怎麼可能對如此有力的證據視若無睹。同樣匪夷所思的是，正如一位高級國家安全委員會官員所指控：她為什麼會反覆「不當地阻止美國執法機構，執行對中國不斷侵犯美國主權和法律的管轄行為」，本書內容對此有詳細的記載。

此外，二〇一六年十二月，美國駐曼谷大使館的臨時代辦在一次七十五分鐘的討論中提到，「俄羅斯干涉選舉」對美國構成了最大的威脅，而「中國的政治作戰並不是威脅」，並且「我們美國人可以處理它」，他刻意扭曲的威脅評估本身就令人深感擔憂；但我之所以還拜會大使館代辦辦公室的原因，也是第一時間出於對此種現象的擔憂。

在此事發生的兩個月之前，也就是二〇一六年十月，我受到美國眾議院代表團的邀請，前往美國駐曼谷大使館向代表團成員介紹中國對泰國所進行的政治作戰。當時我是泰國國立法政大學（Thammasat University）和泰國皇家軍事學院（Royal Thai Military Academy）的教授，我在過去三年中積累了有關該地區中國政治作戰行動的親身觀察。在兩個小時的簡報裡，我向代表團提供了本書第五章和第六章所敘述的重要內容。

回顧當時在我簡報的前十分鐘，陪同代表團的美國大使館外交官們的表情顯得焦慮不安。在討論進行到第二十五分鐘時，他們幾乎變得非常歇斯底里，甚至有一位激動地眼眶含淚不斷嘗試打斷我的發言，試圖勸說代表團離席。幸好當時有代表團團長冷靜地制止了他們的抗議，最終完成了一場兩小時內容豐碩的討論。但是，為什麼期間會出現有人如此歇斯底里和眼眶含淚的激動場面呢？大使館裡的知情人士後來告訴我，這些年輕的外交官們覺得我對中國的批判太嚴苛了。當我驚訝地得知他們離譜行為的背後原因後，我請求拜見大使館代辦，希望大使館人員會比那些年輕的外交官們更能擺脫偏見並接受我的觀點；但經過七十五分鐘的意見討論之後，顯然，事與願違。

另外一個案例，數年前我於維吉尼亞州阿靈頓的外交學院（Foreign Service Institute）擔任客座講師，當時曾經詢問教授公共事務課程的講師們，關於他們用來教育國務院公共事務官員有關中國政治作戰的相關課程。他們表情茫然，彷彿我是在問他們如何教授艱澀難懂的量子力學、物質—反物質或不對稱性問題一樣，因為他們根本不懂我在說什麼。這些講師負責教育國務院的戰略溝通者，幫助他們在未來危險的資訊戰場上競爭並取得成功，然而他們竟渾然不知「政治作戰」這個術語的具體含義。

自一九九五年以來，我在與美國高級外交官參加的眾多會議和研討會上，聽到許多人對那些就中國極權統治、擴張本質或全球政治作戰表示關切的人嗤之以鼻，嘲笑他們持有「冷戰思維」。儘管中國公開承認與美國正處於「戰爭」狀態，但在外交界，沒有比譴責某人對中國表現出「冷戰思維」更具殺傷力的指控了。精明的年輕外交官從資深外交官那裡學習如何在國務院的組織文化中取得成功，那些迅速學會對中國的擔憂保持沉默的人，通常會被晉升到更高階的職位。

刻意淡化「中國威脅論」的軍方高層

美國國務院最近已開始扭轉數十年來對中國的無知、漠不關心和綏靖政策，但仍有許多需要改進的地方。不幸的是，至少直到最近，美國國防部的情況並沒有明顯的改善。

美國國防大學（National Defense University）、指揮參謀學院（Command and General Staff College）以及國防新聞學校（Defense Information School）等國防教育機構中，有關中國全球政治作戰系統性的教學，已經消失殆盡。類似我在外交學院的親身經歷，我曾在位於馬里蘭州米德堡的國防新聞學校擔任客座講師，並拜訪了學校的校長。我提議學校開設一項教育計畫來培訓國防部的戰略溝通者，以反擊中國的宣傳、媒體戰和其他形式的政治作戰。校長禮貌地笑了笑，但顯然對政治作戰一詞並不熟悉。在他要求我進一步解釋後告訴我，他們不能在沒有更高層指示的情況下啟動這樣的教學計畫。他的措辭和語氣暗示著他們不會主動尋求任何這樣的上級指示。

在國防部內部，就像國務院一樣，多年來講述關於中國威脅本質的真相往往是讓職業生涯被判死刑，不論是觸及政治作戰、對南海或東海的擴張，還是日益威脅的中國人民解放軍。高階官員設定了基調：美國陸軍參謀長雷蒙德・奧德耶諾（Raymond T. Odierno）將軍在訪問北京時，愉悅地稱讚美國陸軍與中國人民解放軍的友好關係，他自信地向美國受到震驚的盟友們宣稱，他沒有看到解放軍對鄰近的日本構成威脅的具體事證。與董雲裳令人困惑的聲明類似，儘管有大量公開證據表明中國祕密影響美國的政治作戰行動，大量證據表明解放軍正對日本西南諸島構成威脅並為軍事行動做準備；或許美國陸軍龐大的聯二（G-2）情報部門可以裝傻找不到這些證據，但在 Google 網路上卻俯拾皆是。

對比美國太平洋陸軍司令弗朗西斯・威爾辛斯基（Francis Wiercinski）中將在二〇一三

年宣稱「中國軍隊不再構成對美軍的威脅」，而前參謀長聯席會副主席、在中國有商業利益的威廉・歐文（William Owen）海軍上將則在二〇一二年充當北京代理人，遊說國會和五角大廈，呼籲美國政府停止向台灣出售武器。

與此同時，受人尊敬的美國高級情報官員發聲預警有關中國威脅的言論，卻遭到了軍方的封口。在此案中，美國海軍最受尊敬的中國問題專家詹姆斯・法內爾（James Fanell）上校在二〇一三年和二〇一四年分別發表了兩次公開的非機密演講，揭露了中國解放軍在南海和東海的擴張行動。海軍領導層批准了這些演講，因為法內爾將此視為是他個人的情勢評估言論。但當時他的評估言論與美國總統歐巴馬（Barack H. Obama）政府的立場相悖離，後者認為中國並不構成威脅。美國政府高層立即嚴詞譴責這兩場演講，最終法內爾因此被海軍解僱。令人十分遺憾地，他因善盡職責而被解僱，他正確指出中國的威脅，分析了對美國國家安全的影響，並表現出在壓力下仍堅守真相的道德勇氣。

毫不令人意外，許多美國國防部教育機構近年來，明顯刻意淡化中國威脅論。我在二〇一九年七月參加的一場會議上，與兩位當時剛從美國陸軍戰爭學院（United States Army War College）畢業的軍官的一次談話裡，反映出許多類似的狀況。這些軍官告訴我，「陸軍戰爭學院對中國威脅論非常姑息」，學生在那裡「根本學不到任何關於中國政治作戰的知識」。此外，美國陸軍戰爭學院的學術期刊《軍事參數》（*Parameters*）透過被高度讚譽的「反擊宣傳和錯誤訊息」的相關論文來塑造「明日之星」將軍們的思維，卻在整篇文章中連一次都沒有提到中國。這種偏見的滾雪球效應也很容易理解，這也可以進一步解釋為什麼美國高階陸軍軍官（理論上都是美國陸軍戰爭學院的畢業生），竟然會在二〇一八年與美國智庫蘭德公司（RAND Corporation）簽署長達三百五十五頁、合作進行現代政治作戰研究的契約上，刻意避開「中國威脅」的主題。令人驚訝的是，該報告實際上被視為蘭德公司和美國陸軍有選擇性地對中國進行為期一年的重點國家研究，其中卻掩耳盜鈴地選擇了其他不相關的主題來進行。

在《隱形戰》一書中，斯伯汀描述了對中共惡意影響力默許的現象，如何跨越了不同部門之間的界限。代表國家安全委員會，斯伯汀試圖與美國的「主要智庫、非政府組織以及與中國打交道的法律、審計和公關公司」合作，並「渴望尋求他們的幫助，揭露北京政府的影響力行動和制裁非法行為」。令人驚訝的是，他經常遭到拒絕，這是為什麼呢？斯伯汀寫道，「一些坦白直率的人」表示，協助美國國家安全委員會，「可能會激怒他們的中國資助者或商業客戶。拒絕在正式職務上與我公開合作的部門、組織名單的總數令人相當震驚，包括一些頂級的紐約白手套律師事務所，以及具有促進民主、自由和人權使命的組織。」因為許多這些機構和菁英都在與中國交往中獲利，因此他們不想讓這些關係曝光。

若再不正面挑戰中國的滲透，代價必定沉重

在夏威夷知名智庫工作期間，我親自目睹了斯伯汀在《隱形戰》書中所描述的許多情況：有時是天真的默許，但往往是價值觀的腐化和對中國政治作戰與間諜活動的視若無睹。我觀察到中華人民共和國成功地滲透了民主選舉和政府官員、企業、學術機構、非政府組織以及公民組織等各個領域。這場高度成功的政治作戰行動至今仍在繼續進行。

上述軼事只反映了美國及其民主朋友和盟邦，在面對中國政治作戰時所面臨挑戰的一小部分。這本書中包含了許多重要的訊息，我的這本新書和所引用的出版品中還可以找到更多資訊。我希望這本書能激發讀者的興趣，並繼續尋找其他更多的參考資料，擴大對中國政治作戰行動的了解。

這本書將幫助讀者認識中國政治作戰的本質，期能建立嚇阻、對抗和擊敗這項對我們

安全生存造成威脅的能力。如果我們不正面挑戰中國的極權統治和其分裂和摧毀我們國家的計畫，我們將面臨危險的未來。如果我們不這樣做，我們的子孫後代將為我們的嚴重疏忽付出沉重的代價。

台灣版序——

期許台灣人民正視中國政治作戰攻勢

面對中華人民共和國積極試圖吞併台灣這個小型民主國家，二〇二四年一月十三日，台灣人民投票選出一位致力於維護台灣自由和安全政策的新總統。這次選舉結果代表著台灣絕大多數人民，悍然拒絕中華人民共和國的殘酷壓迫、極權統治模式。然而，這個結果將使中國加速利用台灣內部矛盾來擴大裂痕，以摧毀台灣的民主體制並實際吞併台灣。

作為其中一項觀察指標，選舉結束後，中華人民共和國拒絕承認選舉的合法性，並聲稱中國將在其政治作戰努力中「與來自各行各業的台灣相關政黨、團體和個人合作」，以實現吞併台灣的目標。換句話說，中華人民共和國——中國共產黨這一黨一國，將專注於加劇台灣的內部衝突以分裂、削弱，在中共術語中稱之為「解放」台灣人民。這種政治作戰方式對台灣的自由和民主構成一種生死存亡的威脅，其危險性與中國人民解放軍在軍事上構成的威脅一樣嚴峻。

這本書撰寫的特別目的，旨在協助台灣因應中共對台灣發動無情的政治作戰攻勢。近年來，台灣已經開始更有效地偵查、嚇阻、反制和打擊中華人民共和國的政治作戰，本書將對此一努力目標做出貢獻。本書繁體中文版問世，將讓台灣人民更充分地了解中華人民共和國政治作戰的隱匿性、普遍性威脅、其悠久的歷史，以及所採用的戰略、作戰和戰術上的實踐操作。本書還提供了重要的政策建議，以擊敗中華人民共和國——中共的政治作戰行動，使台灣人民能夠繼續保護和確保其民主體制，並在國際社會中找到台灣人應屬的國際地位。

凱瑞．葛宣尼克
北大西洋公約組織研究員（混合威脅項目）（NATO Fellow〔Hybrid Threats〕）
二〇二四年一月十六日

第一章

何謂中國特色的政治作戰

1975 年繪製的牛欄崗大捷 *，描繪了中國對於 1841 年 5 月三元里戰役的觀點，這場小規模衝突引發了一場中英間的「信息戰」，最終由廣東籍學者勝出。

* 編按：1841 年（清道光 21 年）5 月底，英軍騷擾廣州城郊三元里，當地鄉勇組成五千名義勇軍誘敵至牛欄崗一帶進行圍殲，擊殺英方少校、士兵等五十餘名，英軍最終敗退。

中華人民共和國正在與世界作戰。這場戰爭主要是為了掌控和影響對手的決策思考過程，透過強迫、貪腐和暴力等祕密行動，以達成改變結果的最終目的。中國當然希望不費一兵一卒就能贏得這場戰爭，但它日益強大的軍事和準軍事力量，正在背後邪惡地支持其不斷擴大的影響力戰爭。

對於中國共產黨的領導人來說，這場戰爭目的是致力將中國「復興」至昔日的帝國榮景，再次成為「中原帝國」，讓「普天之下莫非王土」、一個無所不能的霸權國家。這是一場確保中國共產黨對中國人口、資源，以及中國歷史上所謂的「蠻夷之邦」（無論是鄰近國家還是遠在世界各地）都在其掌控中的總爭奪戰。[1]

就像天朝帝王在巔峰時期一樣，中共將這些蠻夷國家分類為兩種：承認中華人民共和國霸權地位的朝貢國，或是將之視為潛在的敵人。儘管國家主席習近平提出的「中國夢」，充滿了對和平國家偉大復興的高尚假象，但中共其實並不希望與各國平起平坐；相反地，它試圖將其包羅萬象的文明強加給其他相對弱小的國家。總而言之，習近平「中國夢」的意識形態最終是以極權主義、列寧主義，以及馬克思主義原則為主要底蘊。[2]

對於中共來說，這是一場為了實現區域性和全球性霸權的全面性戰爭，內容包含軍事、經濟、訊息和政治作戰等元素。尤其是，中共的政治作戰手段既具攻擊性又具防禦性，並以「超限戰」的形式在國際舞台上廣泛進行。[3]

為何不能接受中國崛起？

作為這項研究的序曲，對以下關鍵問題的了解至關重要：為什麼中華人民共和國追求區域和最終全球霸權很重要？為什麼世界不能接受和容忍「中國崛起」？（這是中華人民共和國宣傳機構和外國支持者，經常使用且看似不具威脅性的詞語。）為什麼世界應該關注中國的長期戰略——企圖取代美國成為全球超級大國？「中國的和平崛起」以及中國共產黨「中國主導的世界秩序」的目標，究竟有什麼需要擔心的？[4]

上述問題的答案其實顯而易見：中華人民共和國是一個強制性、擴張主義、極端民族主義、軍事力強大、殘酷壓迫、法西斯主義和極權主義的國家。根據美國退役海軍上校詹姆斯．法內爾的說法：「當擴張主義的極權政權（如中華人民共和國）不受挑戰和限制時，世界已經看到了其可能的下場。在這種霸權的世界中，人民只是國家的臣民，只是國家的附屬財產，而民主、不可剝奪的權利、有限政府和法治等理念則將毫無保障可言。」[5]

我認為探討上述問題之前，先探討有關極權主義的一些共同特徵是有助於澄清問題的本質，比如：將個人定義為僅是國家的臣民；控制媒體機構、經濟部門和教育機構；由單一政黨掌握政府之外的指揮鏈；缺乏權力制衡；個人崇拜和軍國主義；以及一個關於屈辱的歷史敘事，導致極端民族主義和對侵略的自覺權利。這些界定性特徵在二十世紀曾在世界上見證過，例如弗拉基米爾・列寧（Vladimir Lenin）和約瑟夫・史達林（Joseph Stalin）的蘇聯、阿道夫・希特勒（Adolf Hitler）的德國、貝尼托・墨索里尼（Benito Mussolini）的義大利、帝國主義的日本和紅色高棉最高領導人波布（Pol Pot）的柬埔寨。這種政治結構和論述，長期以來為帝國和獨裁政權的治理框架奠定了基礎。極權法西斯主義與中國特色，並沒有什麼新的或本質上的差別。

然而，當代極權的中國法西斯主義的危險是前所未有的。中華人民共和國的現代技術力量和政治、軍事和經濟力量的迅速匯聚，根據加拿大著名的菲沙研究所（Fraser Institute），認為上述因素使得中國成為「自由世界的最大威脅」。[6]

中華人民共和國已經成為一個企圖控制世界資源的新興霸主，表面上是為了造福中國，或者實際上是為了造福十四億中國人中約九千萬名的共產黨員。根據二〇一六年北京大學的一項研究發現，「中國最富有的一%家庭擁有該國三分之一的財富，而最貧窮的二五%家庭只擁有全國財富的一%。」[7] 上述數據凸顯中國是財富分配非常不均的國家。

中共已經證明，它可以有效地利用民主體制的開放性，來實現對那些民主國家的霸權統治地位。如果可能的話，它想要以和平方式實現這一目標，雖然過程中不會完全放棄鬥爭手段，但最理想情況是根本不需要動用武力，亦即「不戰而屈人之兵」。中華人民共和國再三表示，它現在具備足夠強大的能力和自信心，可以不惜一切代價爭奪區域霸權。[8]

到二〇三〇年，隨著中華人民共和國將建立一支船艦總數大約兩倍於美國海軍規模的遠洋海軍，並擁有把高超音速導彈加入其核武「三位一體」、射程已能覆蓋美國本土全境的打擊能力，北京更將無視國際法，依靠貪汙和脅迫來實現其外交、經濟和軍事目標。[9] 根據美國外交關係委員會伊利．瑞特納（Ely Ratner）的說法，中華人民共和國的戰略包括「分裂和控管可能對中國行為提出集體預警的區域機構」，以及「威嚇亞洲海域內主權聲索國，這些國家試圖合法開採資源並保衛其南海主權」。[10]

具中國特色且致命的政治作戰武器

中華人民共和國的政治作戰機構，是其追求區域和全球霸權的關鍵性武器；中國對內部群眾的殘酷鎮壓，是其獨特政治作戰被舉世公認的特徵之一。當今，中國禁錮至少一百萬名維吾爾族人，他們被關押在所謂特別殘酷控制下的「再教育營」，中國政府因此受到國際組織，如國際特赦組織以及包括美國政府在內的嚴厲批評。[11] 實際上，中國對維吾爾族和其他穆斯林民族的鎮壓採取更加隱匿的行動——根據《華盛頓郵報》(*The Washington Post*) 的說法，「中國系統性的反穆斯林運動，以及對基督徒和藏傳佛教徒的壓制，可能代表了世界上對宗教自由的最大規模的官方惡行」。[12]

然而，中華人民共和國內部的政治鎮壓，遠比宗教壓制和思想控制更加致命。中共必須為造成數百萬中國人的死亡負起政治責任，這些死亡是在災難性的大規模恐怖統治期間所發生的，例如「生產大躍進」(一九五八年至一九六二年)、「文化大革命」(一九六六年至一九七六年)，以及一九八九年的「天安門廣場鎮壓學生事件」這場「相對」較小規模的流血暴行。歷史學家馮客（Frank Dikötter）根據中華人民共和國檔案的研究發現，單單在「生產大躍進」時期，「對中國農民的系統折磨、暴行、饑餓和殺戮」是常態。在那四年內，有超過四千五百萬人「因工作、饑餓或被毆打而死亡」，而文化大革命導致至少有額外二百萬人被謀殺。在一九五〇年代的「土地改革和『反右派』運動等其他運動」中，還有一百萬到二百萬人被殺害。[13]這種殘酷的鎮壓還包括聳人聽聞的報導，例如：中國目前大規模處決法輪功練習者和其他良心犯，「摘割器官，這些器官可以被中共官員大量出售以牟取巨大利潤」。[14]有關中國政府以政治作戰手段迫害中國人民，直接或間接造成的死亡人數的估算雖存在著激烈爭論，但數據顯示，在毛澤東統治時期，死亡人數可能高達七千萬人。[15]

儘管中共確實在自己的國家犯下了大規模謀殺罪行，但它仍然牢牢掌握著中華人民共和國的實際權力，並持續宣揚崇拜毛澤東——他是這些致命鎮壓行動幕後的真正主謀者。中共官方英語報紙《中國日報》(*China Daily*)稱，中共在二〇一九年十月慶祝中華人民共和國建國七十周年期間，對毛澤東表現出「前所未有」的尊敬和「虔誠」。[16]與俄羅斯不同的是，俄羅斯最終譴責了史達林的兇殘統治，而中共在意識形態上仍不願承認錯誤，迄今未對毛澤東近似種族滅絕的歷史罪行表達任何懺悔、贖罪之意。

中華人民共和國的宣傳機器「掌握了大眾媒體和社交媒體時代使用政治符號和象徵的

力量」，許多中國人熱衷於接受其極端民族主義的「愛國教育」計畫。居住在中華人民共和國的人們面臨著無法想像的審查和思想控制，這對大多數自由民主國家的公民來說是非常難以理解的。[17]此外，透過其鋪天蓋地的宣傳和影響力，北京政府嚴厲批評那些在中共看來企圖「遏制中國崛起」或「傷害中國人民感情」的國際規則或行動。與此同時，中華人民共和國外交部和宣傳機構，譴責那些批評中國政府嚴重侵犯人權的人是「不道德」的人，並譴責那些反對海外中國惡意影響力活動的人為「種族主義者」。[18]

二〇二〇年五月，時任美國總統的唐納．川普（Donald J. Trump）在向國會提交的一份報告中，強調對中華人民共和國政治作戰的看法：「中國的黨國體制掌控著全球資源最豐富的宣傳工具。北京透過國營電視、印刷、廣播和網路以鞏固輿論主導權的傳播，在美國和世界各地不斷增加。」[19]

中國共產黨的審查制度牽連到美國機構，例如美國國家籃球協會（NBA），最近《華盛頓郵報》批評其「實際上將中國反對言論自由的作法輸入美國」。事實上，中共定期對包括萬豪國際飯店（Marriott）、聯合航空公司（United Airlines）、國泰航空（Cathay Pacific）、紀梵希（Givenchy）和范思哲（Versace）在內的世界知名品牌進行審查。[20]好萊塢也已經被

「收買」，以「避免觸及中共認為敏感的問題，並對全球觀眾製作呈現中國正面形象的軟性宣傳電影」。[21] 北京在傳達其強制審查要求方面非常清楚，如《環球時報》的一條標題所反映：「全球品牌最好遠離政治。」該文章譴責了所謂的「言論自由」，並對不遵守中共政策的人提出明確和隱含的威脅。[22] 北京還出口「暴力的積極手段」到外國，以支持其在國外的政治作戰活動，這將在本書的後續章節中詳細說明。

以經濟脅迫與公共輿論戰威脅全球

經濟脅迫已成為中華人民共和國政治作戰工具中特別顯著的一部分。中國共產黨利用其「全球帶路倡議」（The Belt and Road Initiative，BRI〔俗稱「一帶一路」〕）的承諾，建立了《中國日報》所描述的「世界經濟合作的新平台」。[23] 美國東亞和太平洋事務局助理國務卿大衛·史達威不客氣地描述了一帶一路和其他中華人民共和國的經濟脅迫計畫，指出北京利用「市場扭曲的經濟誘因和處罰、影響操作以及威嚇」，來說服其他國家遵從其政治和安全議程。[24] 此外，美國當時的副總統邁克·彭斯（Michael Pence）更具體詳細說明了美國對中國使用破壞性的外國直接投資、市場進入和債務陷阱，來迫使外國政府屈服於其意願的擔憂。[25] 美國國家安全委員會前官員羅伯特・斯帕爾丁（Robert S. Spalding III）將一帶一路描述為「基礎設施戰爭」，他寫道，這可能是中國無限制侵略中最微妙且最貪腐的部分。雖然它總是包裝成表面上看似慷慨的「雙贏」發展交易，但最終目標是透過提供基礎設施，但不完全交出設施的控制權，企圖將一切始終掌握在北京的手中。[26]

同樣令人擔憂的是，中華人民共和國塑造了國內和國外的公共輿論，旨在「破壞學術自由、審查外國媒體、限制訊息自由流動，以及限制公民社會」。[27] 正如川普總統向國會報告的那樣，「除了媒體，中共使用一系列行動來推動其在美國和其他開放民主國家的利益。中共統戰機構和代理人瞄準了美國和世界各地的企業、大學、智庫、學者、記者，以及地方、州和聯邦政府官員等，試圖影響各國輿論論述，以抑制針對中共國內的外部影響勢力。」[28]

澳洲和紐西蘭、歐洲、大洋洲和太平洋島國、南美洲、北極圈國家和非洲都已經緩慢地認識到，中國的惡意影響力已滲透到他們的國家，並企圖擴大追求北京的外交、經濟和軍事利益。[29] 加拿大和美國對中共統一戰線行動和其他形式的脅迫、壓制和暴力攻擊在其境內的成效，同樣感到震驚。[30] 新冠疫情大流行也提醒了許多國家，中國的有害意圖和惡性影響力的危害性，儘管中共進行了極具侵略性的全球宣傳活動試圖加以掩蓋。[31]

前澳洲總理馬爾科姆．滕博爾（Malcolm B. Turnbull）的高級顧問約翰．加諾（John Garnaut）指出，許多國家對於中國政治作戰的影響力已經慢慢覺醒，尤其在如何反制中國政治作戰的基本共識不足上：「有如大夢初醒般地突然湧現，全球十多個國家的政治領袖、政策制定者和公民社會活動家正在努力應對一種被不同程度地描述為『銳實力』『統戰工作』和『影響力操作』的中國境外影響勢力。」他補充說：但是仍有「十多個『其他國家』正參與這場辯論……但沒有一個國家進行了持續而激烈的討論，更別提達成政治共識了。」[32]

政治作戰各國都有，但皆不比中國全面且隱祕

當然，政治作戰的使用並不僅限於中國。所有國家都進行諸如傳統外交和公共外交等影響力操作，來影響他國的政策和行動，以確保自己的國家利益。例如，在冷戰期間，美國及其合作夥伴和盟友參與了一場最終成功的政治作戰，旨在推翻蘇聯建立用於分隔世界部分地區的鐵幕。但中國的政治作戰版本與其他國家不同，根據新加坡前外交部次長比拉

哈里・考斯甘（Bilahari Kausikan）的說法，中國試圖透過其影響力和政治作戰行動實現更多的目標。

比拉哈里・考斯甘是一位在研究中共惡意影響力方面備受尊敬的專家，他指出，中國是一個極權國家，「採取了將法律和隱祕合而為一的全面性作法，並結合了說服、誘導和脅迫。」重要的是，他認為中共的目標不僅僅是「指導行為，而是制約行為……換句話說，中國不僅僅想要你遵守其意願。更根本地，它希望你能以一種方式思考，進而自願地做中國想要做的事情，而不需要被明白告知。這是一種心理上的操控手法」。[33]

當中國正進行全球政治作戰以實現其外交、經濟和軍事目標時，正如美國國家民主基金會（National Endowment for Democracy）的研究詳細論述，中國出口了極權主義。北京故意破壞民主和個人自由的可信度，以凸顯極權政權的制度優越性，稱之為「中國模式」。[34] 中國的政治作戰手段在削弱美國在亞洲的地位和盟友方面特別有效，例如，北京成功地利用二〇一四年至二〇一七年時美國和泰國之間不斷加劇的分歧，鞏固了自己在泰國的政治利益。此外，中國持續進行超過七十年的工作，意圖摧毀在台灣的中華民國以及台灣人民辛辛苦苦所贏得的民主、主權以及政治和經濟自由。

雖然近年來，在美國關於必須對抗中國帶來的威脅方面，民主黨和共和黨雙方意見趨於一致，然而在面臨如何對抗中國政治作戰威脅的具體細節上，卻仍未有足夠的關注。根據我與美國國家安全委員會、國務院和國防部高級官員的討論，政府各部門之間一直存在著缺乏明確對抗中國政治作戰的意願。因此，目前在戰略和作戰層面上還欠缺一個將共同願景、行動一致性和所需資源匯聚在一起的綜合作法。直到最近，這種不利局勢還進一步惡化，因為美國政府甚至不願承認中國政治作戰的涵蓋範圍，或其在泰國和台灣已取得顯著成功的諸般事實。因此，本書的章節安排將專注於探討中國對這兩個國家的政治作戰行動。[35]

我撰寫此書的主要動機與各國政府忽視其重要性有關，儘管政治作戰是中國至為重要的神奇法寶，並幾乎對世界各國的生存構成嚴重的威脅，但有關於這一主題的公開情報來源、英文學術文獻資料卻相對付之闕如。值得注意的是，仍有一些機構和個人鍥而不捨地透過優異、持之以恆且無所畏懼地撰寫中國的政治作戰攻勢，並在這場鬥爭中取得出色的成就。這些機構包括二〇四九計畫研究所（Project 2049 Institute）、哈德遜研究所（Hudson Institute）、詹姆斯敦基金會（Jamestown Foundation）、美中經濟暨安全檢討委員會（U.S.-China Economic and Security Review Commission）以及戰略與預算評估中心（Center for Strategic and Budgetary Assessments）。個別學者和記者包括安瑪麗．布雷迪（Anne-Marie Brady）、寇謐將（J. Michael Cole）、金德芳（June Teufel Dreyer）、約翰．加諾、比爾．格茨（Bill Gertz）、克萊夫．漢密爾頓（Clive Hamilton）、蕭良其（Russell Hsiao）、彼得．馬蒂斯（Peter Mattis）、羅伯特．斯帕爾丁和石明凱（Mark Stokes）。

然而，對於中國政治作戰的學術研究仍然存在普遍不足的現象。探討此現象之所以造成學術關注相當匱乏的主要原因，包括：學術審查和自我審查，以及許多研究學者心知肚明——追求這一敏感主題的研究，可能使他們在學術環境中面臨嚴重的刁難。另外，部分原因也可能出於與「政治作戰影響力」相關的學術用語太多，詮釋的定義太笨拙且有時對於澄清事件的內容沒有太多的幫助有關。本書的一個目標是正確理解主要術語，以澄清政治作戰威脅的範圍，並達到更理想的政治回應與更好的反制效果。

儘管本書試圖在中國政治作戰這一主題上開創新局面，但諸多主題中仍有許多面向值得進一步深入研究和分析。本書未涵蓋的一個重要主題是：如何將政治作戰帶回中國——即所謂的「以其人之道還治其人之身」，期能「既進攻又防守」這場衝突。這個主題以及其他相關主題應成為許多個人和公共研究、教育機構未來研究的重點。

值得記住的是，曾經，美國在進行政治作戰行動方面做得相當不錯。在冷戰期間，美國政府成功地使用各種方法對抗共產主義陣營。這些方法包括：公開行動，如建立政治聯盟、開展經濟發展和宣傳傳播；以及祕密行動，如支持友好的外國單位和對抗敵對國家的反對派，進行心理戰操作、資助非共產主義政黨、組織知識分子和藝術家對抗共產主義，並支持鐵幕背後的異議分子和自由鬥士。36

美國和志同道合的國家必須大力投資，採取積極行動，對抗中國的政治作戰，以保護我們的自由和主權。我們正面臨重大挑戰，該起身對抗中國政治作戰所帶來的生存威脅，以使各國和其公民免受此一威脅並能有效地予以反制。現在是我們開始在這場政治作戰競爭中反敗為勝的時候了！讓我們一起以智慧參與戰鬥，最終贏得這場「鬥智不鬥力」的戰事。

第章

政治作戰的術語與定義

批評舊世界，以毛澤東思想作為武器建立新世界。
這張 1966 年的宣傳海報是文化大革命期間（1966 年至 1976 年）的眾多宣傳品之一，旨在鼓勵年輕的中國人學習毛澤東的思想，以達成「放棄舊世界，建立新世界」的目標。

如果按普魯士軍事理論家克勞塞維茨（Carl von Clausewitz）所言「戰爭是政治的延續手段」，那麼可以說中國的政治作戰是以其他手段延續武裝衝突的方式。[1] 這提供了一個取代開放性軍事作戰的選擇，並成為增進國家實力的首選工具，期能在沒有發動戰爭的情況下取得勝利。這一觀點最初是由美國外交官喬治・肯南所提出，他於一九四六年二月二十二日以「長電報」（Long Telegram）發出的千字電文舉世聞名，文中闡述冷戰期間西方的大戰略。[2]

肯南提出「圍堵」蘇聯帝國戰略，成功地結束蘇聯極權統治。兩年後，他又起草了另一份標題為〈組織性政治作戰問世〉的備忘錄，他的第二個戰略思想的里程碑認為，美國對「和平與戰爭之間基本區別、將戰爭視為一種在政治之外的體育競賽……以及不願承認國際關係的現實──『鬥爭存在於戰爭內和戰爭外』是永恆不變的規律」存在著認知上的缺陷。[3]

肯南還簡要說明蘇聯的威脅本質並將政治作戰定義為，「國家在戰爭之外動用的所有手段，以實現其國家目標。此類行動既公開又隱匿，從政治聯盟、經濟措施等公開行動到支持『友好』外國政府間的祕密行動、『黑色』心理戰，甚至鼓勵敵國的地下反抗活動。」[4]

如同一九四八年，此定義至今仍然有效。然而，中國的政治作戰版本以超出肯南時代所能理解的方式發展，並出現了概念和語義的另類新戰場。因此，有必要仔細檢視本書中使用的幾個關鍵政治作戰相關術語。術語和定義當然至關重要，例如影響力作戰和政治作戰的定義有很大程度上的重疊，許多人認為它們幾乎可以互換使用，但它們在範圍上有所不同。以下是一個簡要列表，一般人民百姓和軍事領導都必須了解，以有效對抗政治作戰（見表一）。

表一　政治作戰術語

武斷式霸權（assertive hegemony）	假新聞（fake news）	資訊戰（information warfare）	輿論戰（public opinion warfare）
網路作戰（cyber warfare）	不實論述（false narratives）	法律戰（lawfare）	銳實力（sharp power）
債務陷阱外交（debt diplomacy）	灰色地帶作戰（gray zone operations）	聯絡工作（liaison work）	軟實力（soft power）
欺瞞（deception）	硬實力（hard power）	惡性影響力（malign influence）	特別行動（special measures）
外交（diplomacy）	混合型作戰（hybrid operations）	心理戰（psychological operations）	顛覆（subversion）
錯誤訊息（disinformation）	滲透（infiltration）	公共事務（public affairs）	三戰（Three Warfares）
交往（engagement）	影響力作戰（influence operations）	公共外交（public diplomacy）	統一戰線（統戰）（united front）

內容由作者整理，修訂自《美國海軍陸戰隊大學出版社》（*Marine Corps University Press, MCUP*）

許多可靠機構對這些術語提供各種不同的定義，由於定義不盡相同反而使得「政治作戰」概念更加混淆。但可以確定的是，政府官員和學者賦予政治作戰行動的眾多術語反而產生反效果，非常浪費時間、智力和體力，而這些資源更應該用在實際參與反制政治作戰的具體行動之中。因此，為達本書教育宗旨，我選擇採用以下的定義。

「影響力作戰」係用於提供戰略、戰術以支持廣泛的政治作戰行動。這些行動旨在影響外國政府領袖、企業和產業、學術界、媒體機構以及其他主要社會菁英，以利於中國的國家利益。換言之，這些行動通常傳達模擬兩可的概念，亦即中國的政治作戰如其所宣傳一樣，不會以犧牲目標國家的利益為代價。

進一步而言，中國的政治作戰行動是一種全面性、超限制性的作戰，是「中國安全戰略和外交政策的重要組成部分」。根據智庫二〇四九計畫的研究，政治作戰是一種代替武裝衝突的手段，旨在以有利於中國的政治、軍事和經濟目標的方式，影響外國政府、組織、團體和個人的情感、動機、客觀推理和行為。中國的政治作戰超越了傳統的「統一戰線」和「聯絡工作」，例如建立支持中國並「分裂」敵人的聯盟，以及包括公共輿論／媒體戰、心理戰和法律戰的所謂「三戰」模式。中國的政治作戰還包括直接使用暴力，和其他形式的脅迫性、破壞性攻擊等積極手段。[5]

政府官員和學者應該使用政治作戰的精確術語，用來描述中華人民共和國的大規模惡性影響力行動。如果不能正確定義它，將會混淆中國正在與美國及其夥伴國家和盟邦進行政治作戰對抗的事實。易言之，如果未能理解這場戰爭的本質，將嚴重削弱民主國家對威脅的概念和實施正確反制的能力。若無法立即糾正上述缺失，最終也將導致美國反制中國政治作戰行動的必然失敗。

更值得注意的是，必須認識中美政治制度上的根本差異：政治作戰是中共常態性的業務運作方式；而在美國，這樣的行動則需要特殊的權限和監督。中國的政治作戰行動，包括常見將傳統和非傳統手段相結合的方法，亦即將典型的影響力作戰與間諜活動、祕密行動和暴力行動等國家功能合而為一。

中國的政治作戰影響力武器庫包括：先前提到的**統一戰線和「三戰」行動，以及宣傳、外交脅迫、假訊息、公開和隱蔽的媒體操縱、積極手段、混合型作戰，以及公共外交、公共事務、公共關係、文化事務活動和「包圍式灌輸」**（indoctritainment）。

以下是對中國主要政治作戰概念武器化的簡要概述。

超限戰

中共在《超限戰》一書的框架下進行其政治作戰行動，該書於一九九九年二月由兩名中國人民解放軍空軍上校喬良和王湘穗所發表，他們皆任職於廣州軍區政治部。這本書儘管在學術地位上也許不如解放軍的《戰略學》和《戰役學》，但對中共的高階戰略思想影響甚鉅。

這兩名上校寫道，超限戰「**代表隨時可以使用任何方法、任何地方的訊息，任何地點的戰場……任何可以和其他技術結合，因而有系統地打破戰爭和非戰爭、軍事和非軍事之間的原有界限**」。[6]《超限戰》一書建議中國應該使用「非對稱作戰」來攻擊美國，並運用「非軍事方法，例如法律戰（即使用國際法、制度和法院仲裁來限制美國的行動自由和政策選擇）、經濟戰、生物和化學戰、網路攻擊，甚至恐怖主義等方式，擊敗像美國這樣強大的國家」。[7]

這本書在中國受到了極大的關注和讚譽，但在二〇〇一年九月十一日發生針對美國的恐怖襲擊之後，許多美國的親中學者和商界領袖聲稱喬良和王湘穗的觀點「屬於中國思想的『非主流想法』，他們的想法應被屏棄」。這些說法明顯與事實不符，而且此種論述本身就是中國政治作戰的一環。這兩位上校後來都晉升軍階了，並受到中國政府軍事和民間媒體的讚揚。

無論有意無意地，這些美國學者和商界領袖都在支持一個「由北京高層領導者監督、精心管理的、祕密的、大膽的『公共關係』和形塑輿論的作戰」。[8]

三戰

「三戰」是**中國政治作戰的傳統基礎，包括公共輿論/媒體戰、心理戰和法律戰**。[9]劍橋大學（University of Cambridge）教授斯蒂芬・哈爾珀（Stefan A. Halper）將「三戰」描述為，「構成另一種戰爭形式的動態3D作戰程序……更重要地，對於美國計畫人員來說，這種武器具有高度詭詐性。」[10]

美國新美國安全中心（Center For A New American Security）的埃爾莎・卡妮亞（Elsa B. Kania）指出，「三戰」的目的是「控制主流論述，並以一種有利於中國的方式影響人們的看法，同時損害對手應對的能力。」中國政府對美國和其他國家進行的此類操作，旨在「控制公共輿論的『關鍵時間點』，組織心理進攻和防禦、進行法律鬥爭，並爭取民意和公共輿論。」這最終「需要努力統一軍民思想，將敵人分化為不同派系，削弱敵人的作戰能力，並組織法律攻勢。」[11]

根據卡妮亞的說法，「三戰」作戰的主要目標包括：「控制公共輿論、減弱對手的決心、情感轉化、心理引導、瓦解（對手的）組織、心理防禦和法律限制。」[12] 哈爾珀舉了一個中國可能運用「三戰」對付美國的案例：

如果美國的目標是在特定國家獲得（美國海軍）港口通行權……中國將使用「三戰」影響公共輿論、施加心理壓力（例如威脅抵制）、提出法律挑戰，所有這些手段的目的都是為了營造使美國目標難以實現的不利環境。[13]

公共輿論或媒體戰

公共輿論／媒體戰是使用公開和隱匿的媒體操縱手段，來影響大眾的認知和態度。根據解放軍國防大學的文獻內容，媒體戰「係利用公共輿論作為武器，藉各種形式的媒體進行宣傳，以削弱敵人的『作戰意志』，同時確保己方戰鬥意志和百姓與軍隊觀點的一致性。」[14] 公共輿論／媒體戰「利用所有影響和塑造公共輿論的手段，包括電影、電視節目、書籍、互聯網和全球媒體網絡，以引導和影響敵對國家的輿論方向。」[15]

正如戰略與預算評估中心的羅斯・巴貝奇（Ross Babbage）所指出：「中國經營的《中國之聲》《新華社》和數百家出版社，這些媒體再輔以通過量身定制的當地媒體、強大的社交媒體功能和網路戰，將一切都聚焦在特定目標國家所遭遇的當前問題上。」不僅如此，「北京政權所屬機關更每月資助那些刊登親北京立場報導內容的諸多西方與開發中國家的報章雜誌社，包括美國、澳洲和英國等。」[16]

公共輿論／媒體戰還運用「包圍式灌輸」，諸如帶有宣傳性質的熱門電影，如《戰狼2》等電影就是例證。此外，北京還拉攏許多西方電影業界人士。依據美國前副總統邁克・彭斯的說法，「北京經常要求好萊塢以非常正面的角度描述中國」[17]，且「對不這樣做的影視公司和製片人進行懲罰。北京新聞檢查人員會迅速剪輯或禁播批評中國的電影，即使稍微的批評程度也不容許。」重新製作的《紅潮再起》（*Red Dawn*）「經過數位化編輯方式，使反派角色從原本的中國改為北韓」，而《末日之戰》（*War Zone Z*）則刪除了「劇本中提及某種病毒的內容，因為它提及病毒來自中國」。基於「其國內市場的規模」的考量，中國確保好萊塢避開「中共視為具敏感性的議題」，並製作「以正面角度對全球觀眾，描述中國的軟性宣傳電影」，如《長城》(*The Great Wall*)。[18]

心理戰

美國國防部將「心理戰」定義為「**向國外閱聽大眾傳遞選擇性資訊和指標性訊息，以影響他們的情感、動機、客觀推理，並最終影響外國政府、組織、團體和個人行為的計畫性行動。心理戰的目的是誘使或強化外國人，產生有利於心理戰發動者目標的態度和行為。**」[19]

中國的心理戰運用包括「外交壓力、謠言、假消息和擾亂行為，以表達不滿、伸張霸權，和傳達威脅」。[20] 根據中共國防大學的各種文獻記載，北京的心理戰戰略包括「結合『心理攻擊』和『武裝攻擊』……攻守並用，以進攻為優先……同時使用多種形式的力量。」在軍事行動中，心理戰必須「緊密結合各種形式和階段」，以「加強傳統攻擊的成效」，且「掌握『有利時機』和『攻擊為主』原則，以掌握主動權。」[21]

心理戰還包含軍事演習和低於戰爭門檻的軍事行動，包括中國人民解放軍海軍繞越台海水域、中國人民解放軍空軍戰機飛越台灣和日本的領海、於台海附近的軍事演習以打擊台灣百姓和領導階層的士氣，以及和其他國家舉行軍演，諸如共軍與泰國皇家武裝部隊舉行的聯合訓練演習。[22]

法律戰

法律事務作戰，又稱法律戰，**運用「法律的各個面向，包括國內法、國際法和戰爭法，以確保取得『法律原則優勢』，並使敵人陷於不合法地位。」**[23]法律戰運用的工具包括「國內立法、國際立法、司法審判、法律宣告和法律執行」，這些手段通常會交互使用。[24]

中國利用法律戰來加強其對南海領土主權的聲索。例如，中國運用法律戰「高度扭曲對國際法的解讀方式，以反對菲律賓在爭議領土中的主權立場，並否定國際仲裁程序的合法性」[25]；將位於有爭議的西沙群島上的三沙市指定為海南省行政區，企圖大幅擴張中國在該地區的控制範圍。[26]不僅如此，北京還利用法律戰來阻礙美國在日本和太平洋島嶼海域的軍事活動。[27]

北京當局在法律戰中的使用還包括宣稱擁有治外法權，意味著中國安全機關可以「擴大他們的行動至美國和其他聯盟國家，企圖利用法外治權將國內法的執法範圍擴大到海外」。這種法律戰的行動包括「獵狐行動」和「天網行動」，作法如中國幹員潛入其他國家，「逮捕所謂的華裔貪汙犯和逃亡官員。在這些行動中有一位中國幹員企圖在紐約逮捕一名華裔人士，並利用一架飛往中國的客機偷偷將其遣返回國。」[28]

積極行動

中國政治作戰行動包括**間諜活動和祕密、冷戰型態的「積極手段」**。正如肯南所指出的，中國重新詮釋了克勞塞維茨著名的格言，「戰爭僅是政治伴以另一個手段的延伸」。許多美國和其合作夥伴國家的政策制定者和外交官未能認識到這些積極行動，從而危害了自己國家的安全。[29]

本書的後續章節將詳細介紹中國的積極行動策略、技巧和程序，包括間諜活動、賄賂、新聞審查、欺騙、顛覆、勒索、被迫消失、街頭暴力、暗殺，以及使用泰國的人民解放軍和緬甸「佤邦聯合軍」（United Wa State Army，UWSA）等代理軍隊。

這些工具可以用於特定目的，比如在泰國進行「被迫消失」行動，以使流亡海外批評中共的人噤若寒蟬。但這些批評者本身並不是唯一的政治作戰目標，一旦這種被迫消失的相關消息在地主國被公開之後，後果將影響甚鉅。泰國人民和在泰國尋求庇護的中國人會很快知道這個消息，借用美國漢學家林培瑞（E. Perry Link）所創造的一句話，即「巨蟒就藏在吊燈內」(the anaconda is indeed in the chandelier)，而泰國政府根本無法保護這些流亡人士免於這些長臂管轄的恐懼。[30]

統戰工作

「統戰工作」(即統一戰線工作）是一種典型的列寧主義政治作戰策略，布爾什維克黨人（Bolsheviks）在俄國革命期間就成功地運用此種策略。在統戰中，共產黨人與非革命分子為了切合實際的訴求合作，例如擊敗共同敵人並爭取他們支持革命的訴求。一九四九年，中共成功運用統戰策略擊敗中國國民黨派系，迫使中華民國政府撤離中國大陸後，這項統戰策略遂成為「中共思想和實踐不可分割的一部分」。[31]

如本書後續章節將詳細介紹，統戰策略是習近平實現他中國夢的「神奇法寶」之一。[32]它是中共政治作戰的重要組成部分，不僅用於掌控潛在的問題團體，如宗教和少數民族以及海外華人，也是中國對外進行介入策略的重要手段。據紐西蘭坎特伯雷大學（University of Canterbury）政治學教授安瑪麗．布雷迪表示，中共在國內和對外政策中幾十年來一直運用統戰工作——習近平尤是如此，因為他父親的職業生涯中曾主導中共的政治作戰行動，影響他上任後更加大力度地擴展統戰的工作範圍。[33]

中共的統戰部門負有統戰工作運行的職責，易言之，中國統戰工作是所有中共組織和成員的主要任務。每個中共所屬機構，從國際聯絡部、中央宣傳部到中國人民對外友好協會，都必須負責從事各種統戰活動；同樣地，所有中國中央政府部門和地方行政當局也必須執行相同的統戰任務。不僅如此，中國國營企業的高管都是共產黨黨員，隨著中共對合資企業管理階層介入程度日益加深，可以合理推斷中國各種商業往來當中，也存在活動頻繁的統戰工作。[34]

統戰工作的一個重要環節就是要拉攏國際組織。例如，中國利用世界衛生組織（World Health Organization，以下簡稱ＷＨＯ）和國際刑警組織（International Criminal Police Organization）等機構遂行其政治作戰行動。中國當局於二〇一八年承認拘捕國際刑警組織主席孟宏偉之前，美國司法部被要求調查中共前公安部副部長孟宏偉，是否有濫用他在國際刑警組織主席的職權，來騷擾或起訴流亡國外的中國異議人士和活動分子。[35] 與此同時，WHO被指控對中國隱瞞COVID-19導致全球大流行視而不見；截至本文撰寫時，此一大流行已造成全球近一百二十萬人死亡。WHO還完全聽命中國當局，在過去幾年中將台灣排除於世界衛生大會門外，完全違反其創設原始宗旨。[36]

統戰工作也將環保活躍團體列為目標，這些團體已受到中國資金和影響力的滲透。二〇一七年五月，《華爾街日報》(*The Wall Street Journal*)的格雷．魯斯福特（Greg Rushford）揭示了多個環保組織「如何背棄了他們原本的理想，以換取在中國的金錢和在中國境內的通行許可」。魯斯福特的研究點名多個環保團體，其中以「綠色和平」(Greenpeace）最負盛名，其對中國在南海造成重大環境生態破壞的事實不願採取反對立場，特別是中國的挖沙填島計畫；同時還禁止聲援抗議中國在南海大規模的過度捕撈。[37] 在二〇一九年十月，麥可．柯翰（Michael K. Cohen）在《政治風險期刊》(*Journal of Political Risk*）中揭露了幾個與中國合作的環保團體，讓中國享有生產具重要戰略性稀土的獨占權，而中共更早已將此種優勢作為對付日本的武器，甚至還揚言也會用此稀土作為對付美國的武器。[38]

聯絡工作

「聯絡工作」一詞，主要是中國解放軍使用的詞彙，藉由**協同軍事行動、情報和金融活動，支持統戰工作和其他政治作戰行動，以「以擴大或延長國力、軍事手段的政治效果」**。石明凱和蕭良其引用解放軍的文獻參考資料，定義聯絡工作如下：

> 建立軍事聯絡工作政策和規範、籌備和執行對台的顛覆工作；探索和研究外國的軍事動態；指導全軍破敵工作……籌備和指導心理戰教育訓練……進行對外軍事宣傳工作；負責國際紅十字會相關聯絡工作及與軍事相關的海外僑務工作。[39]

就解放軍聯絡工作以美國為主要目標對象而言，政治作戰專家麥可．瓦勒（Michael Waller）的報告指出：「中國官員經常透過精心策畫，扮演『好警察／壞警察』等兩面手法，直接對準美國民意，企圖一方面訴諸合作夥伴的感性訴求，同時另一方面直接以不惜一戰的恫嚇威脅。這種『和戰兩手策略』主要針對五個目標對象：美國的一般大眾、影響輿論和決策者的媒體工作者、商界菁英、國會議員，以及總統及其核心團隊成員。」[40]

聯絡工作同時也運用情報蒐集和分析，以創造並擴大利用敵國政府內部的衝突與分歧，尤其針對其軍事部門內部更是優先事項。為了達成上述目標，聯絡工作必須「透過交流與外國軍事高層保持密切聯繫與合作關係，並藉由宣傳以及戰略、作戰和戰術層級的心理戰行動，影響台灣和其他外部受眾的看法。最後，聯絡工作也針對其他試圖「影響中國內部意見」的國家進行反制。[41]

「顛覆行動」——更常被稱為中國術語中的「瓦解工作」，是友好聯絡工作的相反詞。據石明凱和蕭良其表示，意識形態顛覆是用於破壞「聯盟、社會和國防部門間的政治凝聚力」。政治作戰行動以個人或團體為目標，尋求發現並利用敵人在政治和心理上的弱點，然後運用宣傳、欺誘和情報來「動搖意識形態、心理和士氣，以瓦解對手的抗敵意志」。[42]

聯絡工作還包括對抗敵人政治作戰行動中的祕密顛覆破壞行動。中共認為任何外來作為「想透過和平演變、宣揚普世價值並促進『西方民主化』且削弱中共的控制權」都是祕密顛覆破壞行動。因此，會採取諸如限制媒體採訪和監控網路等心理防禦措施加以反制。[43]

公共外交和軟實力、銳實力

某些學者將政治作戰與「公共外交」混為一談，並不是正確的作法。公共外交是**在透明條件之下，透過媒體管道和公共交往，所進行的國際政治宣傳行動**。它在目標和意圖上與政治作戰有所不同。雖然公共外交旨在影響廣大人民的意見，但政治作戰則有計畫地操弄目標國家領導人、菁英階層和其他有影響力的人士，以破壞其戰略、國防政策和更廣泛的國際規範。公共外交運用吸引方式，而政治作戰則採強迫手段。

另外也可以透過「軟實力」「硬實力」「巧實力」(smart power)和「銳實力」等專業名詞，用另一種方式來看待中國的政治作戰。前兩個名詞是國際關係和國家安全的常見詞彙，已經使用超過二十年了，第三個名詞則在二〇〇九年左右開始流行，而第四個名詞則在過去幾年才被學界使用。

軟實力一詞是由哈佛大學（Harvard University）教授約瑟夫・奈伊（Joseph Nye）所創，係指**溫和、非強制性的文化、意識形態和制度等影響力**。奈伊假設，全世界多數國家都希望像美國一樣，因此有助於美國形塑世界。據中國政治學學者李世默的說法，「對奈伊而言，美國軟實力的基礎是自由民主政治、自由市場經濟和人權等基本價值觀。」

在國際關係領域，軟實力單純指「**某個國家藉由自身國家的文化、政治理念、經濟，甚至軍力的吸引力，去影響其他國家的政府與人民**」，這種行為通常是經由說服而非壓迫來達成。相對而言，硬實力是**透過威脅手段，諸如表達將採取軍事攻擊、封鎖或經濟杯葛**。後來出現的巧實力同樣由奈伊所創，係融合了**運用「硬實力和軟實力工具組合的巧妙策略」**。易言之，也就是同時使用「紅蘿蔔」與「棒子」來實現外交政策目標。[45]

雖然中國政治作戰行動包含軟實力、硬實力和巧實力等手段，但某些行動卻既不是公開訴諸殺傷或強迫威脅的硬實力手段，也不是溫和的吸引與說服的軟實力方式。中國政治作戰是非常具有侵略性的影響力行動和政治作戰行動，兩者的結合構成了中國的銳實力，這是一種利用民主社會開放性的不對稱作戰形式。美國國家民主基金會報告進一步指出，與軟實力有所不同，銳實力「主要非訴諸於吸引力或說服力，反倒以離間和操弄為主」。[46]在開放和民主的國家中，中共的銳實力是有如祕密破壞社會和諧的「特洛伊木馬」。

銳實力可以被定義為：**侵略性地使用媒體和制度來影響外國的公眾意見**。它之所以「銳利」，是因為被用來「以刺探、滲透或穿透的方式，侵入目標國家的資訊和政治環境」。使用此種手段「未必是為了軟實力作為所追求的『贏得人心』，但最終目的必然是想透過操弄或誤導目標對象的資訊，來影響並改變這些目標對象」。[47]

美國國家民主基金會警告，北京使用涵蓋新聞媒體、文化、智庫和學術方面的大規模舉措，不應被錯誤解讀為「魅力攻勢」或「分享另類想法」或「擴大辯論」。相反地，透過銳實力作為，「一般完全不具吸引力的極權體系價值——鼓勵獨占權力、由上而下的箝制、新聞審查，和以威脅與收買獲得的忠誠等——都被對外宣揚，而受到影響的對象，與其說是閱聽大眾不如說是受害者。」[48]

對某些人來說，銳實力代表了在爭奪輿論戰的另一條新戰線。然而，對那些關注中共自一九二〇年代以來所採取的隱匿和公開行動的人來說，銳實力僅是中共換上新包裝的政治作戰一貫作法。

混合型戰爭

北約政治軍事專家克里斯．克瑞米達斯．柯特尼（Chris Kremidas-Courtney）定義所謂混合型戰爭，係指「**混合運用傳統和非傳統、軍事和非軍事、公開和隱匿的行動，以統合方式達成特定目標，並將行動保持在正式宣戰的門檻之下。**」[49]就像俄羅斯一樣，中國成功地運用了混合型戰爭，有時亦被稱為「灰色地帶作戰」，以達成其政治目標。

中國和俄羅斯一樣，在其混合型作戰中，運用其「所有類型的經濟、法律、訊息、網路和準軍事手段，以緩慢且模糊的方式達成其目標」。北京一般非常謹慎「不跨越會引發集體軍事反制行動的門檻」，從而降低其侵略性擴張行動所必須付出的政治代價。[50] 例如，中國透過建造人工島嶼（並在其上設立軍事基地）、派遣武裝漁民巡邏其聲稱擁有主權的海域，以及公告防空識別區，逐漸擴大了其對南海的控制權和影響力。中國就是以這種「不費一槍一彈」的方式，控制了大部分南中國海。[51]

不僅如此，中國運用海警和海上民兵以威脅、暴力和海上對峙等方式，對付其他國家的船隻和漁船，這就是混合戰爭的具體作為。[52] 此外，運用諸如緬甸佤邦聯合軍和民族民主同盟軍（Kokang Army）等中國代理軍隊，也是灰色地帶作戰的另一例證。其他例證還包括共軍戰略支援部隊和中國網民「五毛黨」(50 Cent Army）所發動難以溯源的網路攻擊，都是灰色地帶作戰的例證。[53]

自我審查、極權主義和法西斯主義

最後，重要的是如何處理「自我審查」現象，和中國社會以「極權主義」和「法西斯主義」為特色之間的關聯性。許多美國和其他民主國家的政府官員、學者和商界領袖對中國社會的自我審查保持沉默，甚至有些人嘗試否認兩者之間有任何相關性。這種「沉默」和「否認」充分反映了知識分子的不誠實。了解上述相關性才能夠清楚明白中共政權的本質，如果無法認清問題本質，將使國家層級的反制行動失去對症下藥的正確作法。不僅如此，它還讓中國的辯護者能夠主張以「道德對等性」來捍衛中共的政治作戰行動。我本人曾多次聽到這種辯護：「每個國家都做同樣的事，何必要這樣大驚小怪？」

「但問題是」中國是一個融合法西斯主義、極權主義於一體的生存性威脅。根據《韋伯字典》（*Webster's Dictionary*）的定義：

法西斯主義：「一種政治哲學、運動或政權（如法西斯主義者），崇尚國家並常把國家和種族置於個人之上，並支持中央集權的獨裁政府並由獨裁者統治，對經濟和社會進行嚴格管制、暴力鎮壓反對黨；傾向或實行強人獨裁或專制統治。」[54]

極權主義：「由獨裁政權實行中央極權統治。這個政治概念是：公民應完全臣服於國家當局的絕對支配。」[55]

根據這些定義，可以毫無爭議地說，中華人民共和國無疑是極權主義和法西斯主義的結合體，植基於中共的行動、法律和文化。首先，中共嚴重限制了人民的自由，人民無權反抗統治者的意志，異議人士被壓制，必要時甚至以暴力方式進行。其次，權力高度中央集權，奉行馬克思列寧主義原則，名義上則是共產主義。第三，國家高於人民，極端的民族主義和軍國主義通常是受到歷史上的冤屈或受害者情結的驅使。中國正在克服西方帝國主義帶來的「百年屈辱」，每天都在敦促中國兒童「永不忘國恥」。[56]

對於將中國稱為極權主義的其他理由，最好由中國人權律師滕彪和倫敦國王學院（King's College London）政治學教授斯坦．林根（Stein Ringen）來解釋。滕彪寫道，習近平的「新極權主義」和毛澤東的「舊極權主義」沒有太大的不同：「在這種貪腐的體制下，普通公民的資產從未得到任何制度化的保障。」從意識形態上來看，「中共壟斷了媒體，為學術研究設立了禁區，實行了洗腦式的教育體制，建立了偉大的防火牆，並因大興文字獄而迫害知識分子。」在法律上，「中共一直藐視法律。黑牢、被迫消失、酷刑、祕密警察、監視、司法貪腐、操縱選舉、強制拆遷和宗教迫害都屢見不鮮。」最終滕彪做出結論，「這些濫用是中共控制體制的一個主要特徵」，中國實行的是一種「精心策畫的極權主義，殘酷而野蠻，但卻不混亂」。[57]

林根在二〇一八年九月寫給中國分析師的一封公開信中指出，「最後一根稻草是在新疆實行了明目張膽的暴政，伴隨著極端的監視、極具侵入性的思想工作和在『再教育營』中的大規模拘留。」他還寫道，「在習近平統治期間，專制體制不斷加強，導致了人權律師社群的重大折損，這個社群一直是勇氣和文明的堡壘。」[58]

林根進一步表示，極權主義的主要特徵包括「統治是透過恐怖來維持」「統治干涉人際關係中的私領域」「統治是透過普遍無人性的官僚系統執行」，以及「國家在一個獨裁權威下運作」。他接續說，「國家深度介入私人生活，目前依個人行為標準作為獎勵和懲罰的『社會信用體系』，恐怕更是有過之而無不及。」習近平「已經拋棄了實用主義，將他的統治包裝成無所不在的中國夢意識形態，具有民族主義和沙文主義的特徵。極權主義統治模式的結果是社會生活被瓦解，社區被徹底摧毀。」[59]

林根的結論是他意識到，「『採取』極權主義的措詞來形容中國，存在著誠實的猶豫。人們對中國社會開放曾經抱持希望和期待，但在政治生活和公民社會中，這種希望和期待還沒有發生；相反地，目前是朝著封閉緊鎖的方向前進。我們現在應在我們使用的語言中『承認』這一點。」60

儘管有些人認為極權主義和法西斯主義等術語不適用於中國，但民主國家的大多數主要政府官員和許多學者現在意識到這些術語確實是準確的，儘管他們因擔心遭到報復而猶豫是否使用。在某種程度上，這種擔憂是可以理解的，因為中國採取了諸多措施來確保審查和自我審查的持續進行。哈德遜研究所報告稱，這些措施包括「拒絕向學者發放簽證和列入黑名單」等強制方法，以及「誘導自我審查的更微妙方式。例如，讓出版商有動機，主動避免出版可能冒犯中國審查機構的書籍，因為中國可以禁止出版品進入中國市場以進行報復」。

與中國的經濟利益考量也可能促使各國實施自我審查，因為「許多美國大學收到中國政府實體、公司和個人的重大捐款」。美國教育部總法律顧問聲稱，「證據表明，大規模的外國資金投入已經導致經濟依賴，並扭曲了太多機構的決策、使命和價值觀。」[61] 僅在二〇一七年，美國的大學就從中國獲得超過五千六百萬美元的資金。例如，史丹佛大學（Stanford University）「在六年內從中國獲得三千二百二十四萬四千八百二十六美元的金錢捐贈」，而哈佛大學「透過合約和金錢捐贈的組合共獲得五千五百零六萬五千二百六十一美元。」[62] 與此同時，美國其他大學則拒絕配合聯邦調查，不願說明他們從中國獲得的收入來源。[63]

孔子曾說：「名不正，則言不順；言不順，則事不成。」意思是「如果名稱不正確，語言就無法符合事物的真相；如果語言不符合事物的真相，事務將無法成功進行」。[64] 現在是時候用正確的名稱：「政治作戰」，來稱呼我們所面臨的鬥爭，而這也正是中共使用的名稱。除了將這個術語加入我們的日常詞彙之外，美國政府和學術界也應該使用「極權主義」和「法西斯主義」這些術語，來描述當前構成國家威脅的真正本質。現在是時候對「自我審查」和「限制使用」這些與中國相關的用語，開始發起全面反擊！

第

章

中國政治作戰簡史

偉大的馬克思主義、列寧主義、毛澤東思想萬歲！
中國政治作戰是植基於蘇聯的卡爾·馬克思（Karl Marx）、弗拉基米爾·列寧和約瑟夫·史達林的理念所奠定的基礎。毛澤東將「蘇聯模式」更改成體現中國特色的「中國模式」。在毛澤東背後的旗幟上，從左到右分別是史達林、列寧、恩格斯（Friedrich Engels）和馬克思。

是故百戰百勝，非善之善者也；不戰而屈人之兵，善之善者也。故上兵伐謀，其次伐交，其次伐兵，其下攻城……故善用兵者，屈人之兵而非戰也。拔人之城而非攻也，破人之國而非久也。[1]

——孫子

中國政治作戰的原則可以追溯到約西元前五〇〇年，正如中國名將也是傑出軍事戰略家的孫子，常被引用的上述箴言所反映出來的戰爭藝術思想一樣。然而，中國已迅速發展出強大的政治作戰能力，其在全球進行此類行動的潛力可能在世界歷史上前所未見。因此欲了解中共如何進行政治作戰行動，需要先簡單回顧一下中國獨特的歷史背景。

雖然中華人民共和國是一個新興現代化軍事和技術強國，但其當前的對外和對內政策深深扎根於中國古代的戰爭歷史。充滿血腥征伐的戰國時期（約西元前四七五年至西元前二二一年），最終由秦國統一了戰國七雄，秦對定義中國當前的戰略、政治作戰、欺敵和軍事謀略，特別是強調「顛覆舊霸主和雪恥復仇」的作法發揮特別重要的作用。[2]

中國問題專家白邦瑞（Michael P. Pillsbury）寫道，習近平及其前任國家領導人們在中國追求至高無上地位的戰略，主要是從戰國時期獲得的經驗。由此而來的謀略，主要內容如下：

- 引誘對手以降低警覺。
- 操控對手的重要智囊。
- 要有耐心……可能需要幾十年甚至更長的時間才能取得勝利。
- 為戰略目的而竊取對手的思想和技術。
- 軍事實力並非在長期競爭中取勝的關鍵因素。
- 認識到霸權國必須採取極端甚至魯莽的行動來維持其主導地位。
- 永遠不要忘記「勢」……這包括設計他人為你工作、等待關鍵時刻進行打擊。
- 建立和使用矩陣衡量自己與潛在對手的指標。
- 要時刻保持警惕，避免被他人包圍和欺騙。[3]

以上原則反映了中國在追求全球卓越地位時所採用的策略。儘管中國悠久的歷史在奠定中國當前戰略文化的基礎方面發揮了影響，但重要的是要認識到，中國政治作戰最基礎的根源來自中國共產黨的歷史經驗。以下簡介的中共歷史，包括對中國政治地理局勢的認識，以及在二十世紀上半葉中國共產黨和蘇聯共產黨之間彼此存在著根深柢固的戒心。

險峻環生滋長排外心理

對中共侵略性擴張、壓迫和仇外政策的辯護者，通常會以中國經歷長期的衝突和受侵略的歷史來為其開脫。事實上，這個政權的偏執信念有其歷史根源。根據戰略與預算評估中心發布的一項研究，「數千年來，中國政權一直不得不為了生存而對抗強大的外來侵略者，這些侵略者不是橫掃歐亞大平原，就是狂襲東海沿岸。」「中國廣闊的陸地上僅有少數的地理屏障可提供有限度的保護，由此產生出來的安全挑戰，進而衍生出許多引人入勝的歷史故事、強烈的文明認同感和深厚的民族主義。歷代政權的繼承者至今仍持續運用、動員這些歷史和文化傳承以增強他們政權的合法性，並定期性地產生排外心理。」[4]

儘管中共不是第一個鼓吹完全排外的專制政權，但它卻非常成功地運用此種心理。今天，中共擁有一種善於說服的能力，能夠透過對訊息、思想和行動的控制，以影響其本國和外國民眾，這是早期王朝君主們無法想像的控制手段。[5]

這種極權控制觀點，係根據中國戰國時期的經驗以及其史上第一位皇帝秦始皇的世界觀，孕育出中國傳統的戰略文化，包括極權專制、脅迫和說服等方法手段，奠定了中國當代政治作戰的理論基礎。從商朝和周朝的最早統治者開始，專制一直是很自然、有秩序的生活方式，中國當時並沒有像西方的《大憲章》（*Magna Carta*）或《獨立宣言》（*Declaration of Independence*）一樣的契約，也沒有後西發里亞時代（post-Westphalian）*的主權平等概念，可以干涉皇帝對其臣民的治理。

中共師承古代專制

秦始皇帝是中國第一位實施極權主義的皇帝，以鐵腕統治控制著臣民生活的方方面面。他建立了一個後來被世界各地共產主義者所仿效的政權，指派政治委員來監視地方首長和軍事領袖，確保他們不敢偏離或批評他的政策。[6]

---

* 編按：一六四八年，處於長期戰亂中的歐洲各國簽定《西發里亞和約》（*Peace of Westphalia*），同意尊重彼此的領土完整，每個國家無論大小都享有平等的主權，奠定了主權國家的概念，也成為今日國際法的基礎。

根據中國專家毛思迪（Steven W. Mosher）的說法，秦始皇透過控制中國人民日常生活的每個細節來鞏固統治。例如，嚴刑峻罰是當時的生活常態：對於重大的犯罪事件，犯人和他的整個家族都會被連坐處決；即使是最輕微的犯錯行為，也會牽連數百萬人被迫強制勞動——例如去修建帝國馳道和運河。由於皇帝「建立了他的個人崇拜，賦予自己神一般的形象，建立了對內對外的絕對統治地位，並試圖焚書坑儒」。這種徹底摧毀文化思想的惡行，包括下令「燒毀皇家檔案館中的所有書籍，秦始皇自己的回憶錄除外。私人擁有書籍是被嚴格禁止的，夜間被焚燒的書籍，火光迅速照亮了整座城市。但儘管如此嚴格禁令之下，仍有三百萬人因擁有書籍而被牽連入罪、送入勞改營」。[7]

秦朝的外交政策是侵略性擴張，以實現對周邊國家的完全控制，並最終完成大一統的全面性霸權。霸權地位是極權主義的自然延伸，將帶來有秩序的社會，確保中華帝國能夠杜絕歷史上重複出現的混亂局面。

對霸權地位努力不懈地追求，也受到中國「種族優越感」和「文化至上」主義的啟迪。這兩個概念後來成為許多極權政權的統治基礎，希特勒的納粹「第三帝國」代表了眾多種族滅絕事件的其中之一，霸權帝國最終在戰爭或其他破壞性力量的影響下，灰飛煙滅於人類歷史的長河之中。然而，對於中國人來說，這些因素仍然支持著「中國夢」，亦即中國將如何通過隱匿和實力，或者按中共的說法——「祕密和詭計」，成為「領先群倫的世界大國，超越並取代美國的霸權地位」。[8]

「中國」兩字，在字面上意謂著「中央之國」，中國的「自我中心」性和漢族的優越感，普遍存在中國文學作品和思想著作之中。在歷史上，中國的統治者一直鼓勵種族主義和種族中心主義，以強化自身的合法性。為了成為霸主——即權力的主要軸心以及世界的地理和地緣政治中心，中國需要讓所有其他國家成為附庸國或朝貢國。毛思迪寫道，「中國的菁英認為他們的皇帝是世界上唯一合法的政治權威……將自己的文化視為人類文明的最高境界。」[9]因此，中國對「野蠻」國家的對待就像一個強大的宗主國一樣，透過強加不平等條約、徵收貢品，以及藉由文化、經濟和軍事力量影響藩屬國君民。長達兩千年的時間裡，中國在該地區的霸權持續存在，歸結其原因不外是擁有強大的軍隊和精明的政治作戰謀略。[10]

根據戰略與預算評估中心的研究指出，「中國統治者有強烈的動機……不僅要利用社會的所有資源，還要以創新的方式執行。」正如本章一開始提到的，孫子所云：「強烈主張在派遣軍隊進行作戰之前，要利用政治、心理和其他非軍事行動先行征服敵人。」[11]

在二十世紀初，中國共產主義者毛澤東運用了孫子的謀略分析秦始皇極權統治術，並受到馬克思列寧主義思想的啟發。在同一時期，蘇聯領導人列寧和史達林對如何奪取和保有權力的極端觀點，也極大程度地影響了新成立的中國共產黨。

蘇聯對中共的影響

蘇聯模式幾乎全面性地為中國共產黨初創之時的政策、組織和運作提供學習榜樣，毛澤東和他的追隨者從莫斯科領導的共產國際學到政治作戰等軍事謀略。當他們將這些蘇聯的作戰經驗移植到中國特有的歷史背景中時，他們將西方的革命理論和實踐方法，與自己的獨特歷史經驗相融合，稱為「具有中國特色的總體戰爭（total war）」。[12]

毛澤東結合了中國的歷史戰略文化、共產國際的教導，以及來自克勞塞維茨、列寧、史達林、托洛斯基（Leon Trotsky）等人的不同見解，融會貫通之後，發展出一套新的革命戰爭概念。這套概念用以擊敗蔣介石的國民黨政府，迫使國民政府流亡到台灣，從而贏得了中國的國共內戰。毛澤東甚至還使用他的革命戰爭打法，在對日抗戰期間襲擊入侵中國的日本軍隊。

正如戰略與預算評估中心關於政治作戰的研究指出，「早期的政治作戰行動在整個作戰過程上的重要性……也成為了中國革命和非常規戰爭軍事理論的核心基礎，同時也廣泛適用於其他一系列非軍事性行動。」二十世紀的中國領導人認為，「這些政治運動不僅在本國領土上至關重要，而且在敵對國家也非常重要。」[13]正如蘇聯一樣，毛澤東設想他的革命最終會併吞掉其他國家的領土。他寫道：「列寧教導我們，只有在資本主義國家的無產階級支持殖民地和半殖民地人民的解放鬥爭時，世界革命才能成功……我們必須聯合……英國的、美國的、德國的、義大利的以及一切資本主義國家的無產階級，才能打倒帝國主義……解放世界的民族和人民。」[14]

今天，中國繼續使用師承自蘇聯的政治作戰作法，「以推動中國在新國際秩序中的大國崛起，並對抗對中國國家安全認知上的各種威脅。」[15]

統一戰線：中國的神奇法寶

如前一章所介紹的，統一戰線是中華人民共和國政治作戰武器中的關鍵重點。根據

「團結朋友，瓦解敵人」的原則，毛澤東呼籲全球革命，利用統一戰線「動員『中共的』朋友打擊『中共的』敵人」。他將統一戰線描述為一種「神奇法寶」，可以與中國紅軍（中國人民解放軍的前身）的軍事實力相提並論。[16]

統一戰線戰略最初由俄國的布爾什維克黨人在俄國內戰期間所制定。它呼籲與非革命派合作，以實際目的——例如擊敗共同的敵人……並將他們納入革命事業。在中國，這一策略首次在一九二〇年代用於建立共產黨和國民黨之間的聯盟——第一次國共合作，以終結當時的軍閥割據統治。[17] 從那時候起，影響、收買、削弱和瓦解敵人的菁英和軍事力量等統戰工作的重要性，百年以來並沒有任何改變。拉攏非共產主義的勢力仍然是今天統戰工作的核心要務，儘管現在「輸出革命」的重要性已大不如前，其重要性已被輸出極權統治的「中國模式」取代。[18]

早期的中共將地下政治工作分為多個系統。根據石明凱和蕭良其的說法，城市工作部主要負責普通市民、少數民族、學生、工廠工人和城市居民；而社會工作部則專注於敵對民政當局的上層社會菁英、中共高階領導幹部安全與共產國際聯絡工作；總政治部則負責對抗敵軍所採取的政治作戰行動，主要運用「敵後工作」和「聯絡工作」以遂行任務。[19]

統一戰線的代表作——第二次國共合作，旨在對抗中日戰爭中的日本侵略行動，但雙方合作關係最終於對日抗戰期間破裂。之後的國共內戰期間，中共的敵後工作和聯絡工作對瓦解國民黨的士氣、建立國內和國際支持，並贏得國共內戰的勝利至關重要。中共最終在一九四九年的中國戰場上戰勝國民黨，並建立了中華人民共和國。

一九四〇年，中共建立了第一個負責與海外華人社區聯絡的特別行動機構；到了一九五〇年代，這一海外華僑的聯絡工作成為「中國共產主義思想和實踐不可或缺的一環」。[20]

中國統一戰線策略的成功運用，是從過去的諸多挫敗經驗中學習而來。從中華人民共和國的成立之初，到一九五〇年代「生產大躍進」產生的毀滅性結果，再到一九六〇年代和一九七〇年代「文化大革命」帶來的重大社會混亂，再到一九九〇年代發起中國的「魅力攻勢」，最終直到今日進行中、與「一帶一路」相關的政治作戰行動，目的就是要爭奪全球的霸權地位。這些成功的經驗，將在後續章節中詳細探討。

政治作戰的積極手段

中國政治作戰成功的一個關鍵在於其鍥而不捨地使用積極手段，中共從蘇聯學到了如何運用「黑色」和「灰色」等策略工具。積極手段包括「操弄標語、歪曲觀點、散播假訊息以及精心挑選的真實信息」，以影響外國民眾和政府的態度和行為。黑色積極手段利用「代理人影響力、祕密媒體操弄和偽造文件，形塑外國公眾對高階領導人的看法和態度」；灰色積極手段則是利用「統戰部門、智庫、研究所和其他非政府組織，明顯有別於蘇聯黨國體制下的另一種獨立路線」。反之，「中共宣傳部可以溯源的政治聲明」則被稱為「白色」或公開性宣傳。[21]

雖然中國政治作戰歷史上的主要目標一直是針對台灣，但中共已將其政治作戰目標擴展至台灣之外的其他國家。由於中國始終致力於追求成為區域性和全球性霸權的主要目標，因此整個國際社會現在都成為其實施政治作戰的目標對象。中國自一九四九年以來，已在區域和全球目標對象上，投入了龐大的資源以進行其政治作戰的各種積極手段。

中國在緬甸支持佤邦聯合軍，似乎對當代的許多外交官、學者和記者來說是一種異常的現象，但這種支持對中國而言，卻是一種理所當然之事。在冷戰期間的四十多年裡，北京的「中國人民解放軍」在東南亞各地發動了革命戰爭，給美國及其盟友帶來重大損失，同時嚴重遲滯了這些區域國家的建國歷程。

傑出的反叛亂作戰分析師羅伯特・塔伯（Robert Taber）寫道，「一個典型的革命政治組織通常有兩個分支部門：一個地下和非法的，另一個公開且準合法的。前者包括『活動分子……破壞者、恐怖分子、軍火走私者、製造爆炸裝置者、祕密出版物的經營者、政治小冊子的分發者，以及將訊息從一個游擊區域傳遞到另一個地區的傳達者』。後者包括『知識分子、商人、職員、學生、和專業人士』，他們有能力籌集資金、蒐集請願書、組織抵制活動、組織大規模示威、通知友好記者、傳播謠言，以及用各種方式展開廣泛的宣傳活動，以實現兩個目標：加強和提升叛軍的『形象』，以及詆毀執政當局的正當性。」[22]

中國自一九五〇年代迄今，使用這些相關技巧，資助、供應和培訓參與獨立運動和叛亂的武裝力量人員，其主要重點對象集中在東南亞新興國家，並在南亞、非洲和拉丁美洲提供了一些額外的支持。[23] 尤其在東南亞，叛軍代理軍隊是北京政治作戰運用中最有效的武器選擇。這些軍隊最終在越南、柬埔寨和寮國取得成功，而泰國和馬來西亞等國則因為有美國和英國的大力支持，以及運用創新的反情報作為，最終成功挫敗中國的政治作戰行動。

今天，中國仍繼續使用代理軍隊，如緬甸的佤邦聯合軍，它成立於一九八九年，當時它從中國所支持的緬甸共產黨的瓦解中脫穎而出。佤邦聯合軍現在控制位於中緬邊界一塊面積與比利時差不多大小的區域，是亞洲毒品交易的主要樞紐。在中國的直接支持下，佤邦聯合軍目前是亞洲最大的非國家組織軍事力量，是一支裝備齊全且有良好領導編組的部隊，對緬甸政府軍產生了嚴重的威脅。佤邦聯合軍也是當今緬甸的主要權力派系之一，影響所及導致緬甸當局的「和平進程」談判陷入停滯不前。據報導，由中國提供武器裝備的華裔果敢（Kokang）叛軍，也被視為北京試圖吞併緬甸果敢地區的代理人，與俄羅斯於二〇一四年利用俄裔烏克蘭人吞併克里米亞的手法如出一轍。[24]

中國的「魅力攻勢」和「復興統戰」

直到一九八〇年代晚期，中國被大部分的國際社會視為國際禍害，因為中國被普遍認為是共產黨威脅，也是造成柬埔寨種族滅絕的波布政權的背後支持者。生產大躍進的大規模饑荒最終失敗，以及文化大革命之後的殘酷無政府狀態，損害了中國的全球形象，並大大削弱其政治作戰和其他影響力作戰的效力。[25]

一九八九年在天安門廣場鎮壓學生運動的大屠殺事件，進一步減損了中國的影響力。特別值得注意的是，該屠殺引起的國際反彈成為中共內部宣傳和鎮壓，以及對外影響力行動必須改弦更張的轉折點。[26] 自那以後，中國在利用軟實力進行全球政治作戰行動方面，取得了令人耳目一新的進展。例如，中國於一九九〇年代末發起「魅力攻勢」行動，並取得了相當的成效。

儘管在一九九〇年代出現了更多的國際反彈，如中國針對越南和台灣所採取的軍事（威嚇性）演習等決策錯誤，但在一九九〇年代整整十年時間結束之時，中國已經發起令人無法抗拒、非常高明的全球性「魅力攻勢」。這種攻勢植基於一個有系統性、一致性的軟實力戰略，用以支持其整體的政治作戰目標。北京當局同時也進行與影響力行動有關的全面性改革措施，例如明顯地提高其外交團隊的素質和精明幹練程度，成功地打入國際社會。加上一九九一年的冷戰結束，也有利於中國將其影響力大幅提升的實際發展，隱藏且不外顯。

中國政治作戰行動的快速進展，在美國總統柯林頓（Bill Clinton）任內得到了大幅度的幫助。美國於一九九九年從國際舞台撤退，解散了美國政府主要的公共外交和反制政治作戰部門——美國新聞署，這是冷戰勝利後首先被裁撤掉的單位。此外，柯林頓政府忽視了許多二戰後建立的多邊機構，且並未干預、調解一九九四年盧安達（Rwandan）發生的種族滅絕事件，或是一九九七年爆發的亞洲金融危機。[27]

因此，隨著美國的影響力看似減弱，為中國在國際舞台上自信地崛起，奠定了良好的開始。隨著中共目睹華盛頓「退出世界舞台，沉迷於自身的蓬勃經濟發展、網路興起與美國文化路線鬥爭等」，中國的統治者自信他們現在可以超越美國。因此，他們開始透過專注軟實力工具來包裝自己成為「世界上一個良性、和平和具建設性的行為者」，以「塑造其所處的周遭環境」。[28]中國從那時開始「在全球範圍內採取了越來越積極和實用的外交方法，強調互補的經濟利益」。除了更為積極和務實的外交隊伍強化影響力和形象之外，北京還在許多發展中國家資助基礎設施、公共工程和經濟投資項目。[29]

習近平時代的政治作戰

自二〇一二年以來，中國在利用政治作戰行動來實現其廣泛戰略目標方面，變得更加嫻熟和野心勃勃。根據普林斯頓大學（Princeton University）教授范亞倫（Aaron L. Friedberg）的說法，「北京正在運用各種技巧來形塑發達工業國家（包括美國在內）以及許多發展中國家領袖和菁英的觀念。」[30]范亞倫繼續強調，中國的行動方法包括：

資助大學教授和智庫研究項目；為已經證明是可靠「中國朋友」的前政府官員提供高薪職務聘任；為外國立法者和記者提供整套免費的中國旅遊招待行程；驅逐對中國持負面報導觀點的外國媒體，以便向海外民眾傳播中國政府所要傳達的信息；越來越老練地使用經費充足的官方、準官方和名義上非官方的媒體平台，向世界傳達北京的政治宣傳；對電影公司和媒體公司施加壓力，避免製作中國政府視為政治敏感內容的作品，以確保他們能繼續進入中國的龐大市場；以及動員和利用海外學生和當地華人社區團體，來支持北京所欲達成之政治目標。[31]

中共長期以來一直在對敵人操弄宣傳和傳播虛假信息，但近年來在社交新媒體的語音串流平台上找到了一個「資訊作戰環境上的全新沃土」，可以「擴大運用其久經實戰驗證的政治和心理戰等戰術戰法」。使用社交新媒體向對手國社會灌爆各種宣傳和假訊息的優點是，不但可以削弱該國國內對民主政府的信心，並可能進一步導致其政治上的不穩定。[32] 為了追求對社交新媒體主導權，中國組織了多達三十萬名中國人民解放軍的網軍部隊，以及約二百萬人的「五毛黨」小粉紅，他們「只收取象徵性五毛錢的費用，在社交媒體上發表評論以支持中共各種宣傳內容」。[33]

解放軍改革與「無所不在的鬥爭」

中國人民解放軍在政治作戰和資訊及網路戰中不斷演進的角色，值得特別注意。根據美國國防大學的一項研究，「二〇一五年底，中國人民解放軍開始了一系列改革，對其結構、作戰模式和組織文化帶來了巨大變革。」[34] 這些軍事變革包括創建了一支戰略支援部隊（Strategic Support Force），該部隊整合了大多數中國人民解放軍的網路、電子、心理和太空戰等能力。

具體來說，戰略支援部隊的角色對中國人民解放軍計畫如何進行資訊作戰和打擊資訊化戰爭非常重要。戰略支援部隊「似乎已經納入部分中國人民解放軍的心理和政治作戰任務」，這是由於「中國解放軍全面調整組織中，且政治作戰部隊具有微妙且重大功能的原因所致。這可能預示著心理戰在未來可能扮演更重要的作戰角色。」[35]

中國人民解放軍認為戰略支援部隊對「預測對手行動、在和平時期設定衝突條件，以及在戰爭時實現戰場優勢」至關重要。戰略支援部隊支持了政治作戰的整體目標，即「**不戰而屈人之兵**」，通過「在不升級到公開衝突的情況下塑造對手的決策，實現戰略目標」。中國不遵循「西方的衝突模式，在這些模式中和平和戰爭是不同的階段。」相反地，中共的模式是「普遍存在的『鬥爭』光譜，這是一種馬克思主義、列寧主義模式，認為在政治體制和意識形態的持久衝突中有一個廣泛的政治戰線，而軍事競爭和衝突只是整個過程的一部分。」[36]

中國人民解放軍改革的另一個重要結果是成立了東部戰區，於二〇一六年二月取代南京軍區。東部戰區在「對台灣的政治軍事脅迫方面發揮著重要作用」，這次改組為擴大的戰區司令部增強了其作戰能力。[37] 成立戰略支援部隊，加上東部戰區的建立為中國人民解放軍提供了組織和資源，大幅提高其整體戰力，遠遠超越以前毛澤東時期政治作戰支援軍事作戰能力所及的範圍。

將統一戰線推向前線

雖然中共對政治作戰的運用可以追溯到建黨初期，尤其是通過統一戰線工作部在海外建立所謂的第五縱隊（fifth column）†。統戰工作後來隨著習近平於二〇一二年和二〇一三年分別升任中共和中國最高領導人，得到了重新的重視和推動。因為，習近平的父親習仲勛是中共革命元老和中華人民共和國高官，習仲勛職業生涯中的大半歲月，致力於統一戰線和其他政治作戰工作，這明顯影響了習近平對這些工作的重視程度。

在習近平看來，現在是一個強大自信的中國，走出前中國領導人鄧小平諄諄告誡「隱藏實力，韜光養晦」的時候了。可以說，習近平推升統戰工作的重要性是為了實施「東升西降」的長期戰略，亦即不再隱藏中國的實力或意圖，而這是鄧小平曾經刻意隱瞞的想法，也是大多數西方政治家和分析人士假裝視而不見的企圖。中共第十八次全國代表大會的代表們被教育關於統一戰線工作的重要性，而中國的各級官僚機構現已全力配合。[38]

習近平在二〇一八年二月發布了一道命令，爭取全球估計六千萬海外僑民的更大支持。他鼓勵歸國華人與海外華人密切團結、支持中國夢，並強調實現中華民族的偉大復興需要在國內外的兒女們共同努力。習近平繼續表示「團結大量的海外華人和歸國華人以及他們在國內的家庭，發揮積極作用，對中華民族的偉大復興是黨和國家的一項重要任務」。[39]

自中共第十九次全國代表大會以來，中共對外界的統一戰線工作已經穩固，延續了前五年所建立的趨勢。坎特伯雷大學教授安瑪麗・布雷迪指出，自那時以來，「習近平已經消除了黨國之間的任何分際。因此，雖然統一戰線工作部確實在中共的統戰工作中扮演重要角色，但要理解中國現代政治作戰戰術，需要深刻理解中國共產黨所有機構、政策、領導層、方法和黨國體制在中國運作的方式。」[40]

布雷迪預測未來習近平時代的統一戰線工作將集中在四個關鍵領域：首先，加強努力管理和引導華僑，包括漢人和少數民族，如維吾爾族和藏族，以利用他們作為中國外交政策的代理人，同時對不合作者實施越來越嚴格的處罰；其次，拉攏和培養世界各國的外國經濟和政治菁英，以支持和推動中共的全球外交政策目標；第三，實施全球多平台戰略溝通策略，以宣傳中國共產黨的議程；最後，建立以中國為中心的經濟和戰略聯盟，即一帶一路倡議。[41]

---

† 編按：第五縱隊意指潛伏在內部進行破壞，與敵方裡應外合，不擇手段意圖顛覆、破壞國家團結的團體。

關於一帶一路倡議，布雷迪將習近平的倡議描述為「經典的統戰行動」。她指出，一帶一路被宣傳為「超越意識形態」，旨在建立一個新的全球秩序，中共的分析師將其描述為「全球化二・〇版」。統一戰線工作支持一帶一路倡議，反之亦然。中共在國家和地方層面已經在許多國家的經濟和政治菁英中埋下既是盟友也是客戶的共生關係，並讓他們在各自的國家中推廣、接受「一帶一路」倡議。[42]

為了影響華僑，中共的大部分宣傳工作針對海外華人學生和社區，他們通常對祖國有著強烈的愛國情感。為了建立和利用這些情感，中國教育部於二〇一六年宣布，要進一步將在國外傳播「中國夢」列為優先工作事項，以「善用海外學生的愛國力量」和「建立一個以『人』為媒介的海外宣傳模式」。[43] 藉由掌控越來越多的中文和外語新聞媒體機構，中國試圖激發海外華人的超民族主義狂熱，並利用他們來影響、阻礙和政治上癱瘓任何反對中國影響力行動的國家。[44]

在二〇一八年的國會證詞中，退役美國海軍上校與中國問題專家法內爾評估說，「習近平和中共將利用這些海外華人來破壞全球的軍事和政治對手，並推進『他們自己的』政治和軍事目標。其中最主要的可能是遊說並創造更多中國解放軍進入各國的可能性。」

中國在非洲之角的吉布地（Djibouti）已經建立了一個海外行動基地，中國人民解放軍海軍現在也在印度洋和地中海、波羅的海和北極海域出現。中共已經簽署了遍及全球的長期港口協議，包括印尼、巴基斯坦、孟加拉、坦尚尼亞、緬甸、馬來西亞、澳洲、斯里蘭卡、柬埔寨、希臘、納米比亞、模里西斯、吉布地、汶萊和麻六甲海峽。這些港口「已經開始提供對中國人民解放軍海軍的關鍵停泊和後勤支援」，包括維護、供應和加油。[45] 中共還試圖在亞速群島獲得停泊權，目前正在進行在馬爾地夫、斯堪地那維亞和格陵蘭的港口協議談判。

利用每一道西方的矛盾裂縫

布雷迪警告，儘管全球各地不斷揭露有關中國政治作戰和影響力作戰活動，但中國共產黨並未因此停止相關行動。她繼續說，相反地，中共的對外統一戰線工作已經採取進攻性行動並且全方位發動，顯示中共領導層認為自己處於「東升西降」的有利國際態勢，沒有理由需要繼續隱藏其實力。[46]

根據美國亞洲研究局（National Bureau of Asian Research）的納迪吉・羅蘭（Nadège

Rolland）所描述，中國已經建立了多層防禦體系，從保護其國內邊界開始，逐步擴展到外部。它透過在中國的網路空間周圍建立一個「防火長城」，以及「加強黨對國內媒體和訊息流通的控制」，來阻截自由民主價值觀和理想在其國內傳播。中共還加強了國內宣傳和所謂的愛國主義教育，以使人民對可能穿透第一道防火牆的危險訊息，在思想上產生免疫力。在其「反擊模式」中，中共針對「中國僑民以外的民眾，深入對手國的國內進行深度打擊」。中國正在「積極瞄準外國媒體、學術界和商界」，透過部署前線工作組織來拉攏外國人，並對那些被認為威脅到其各方面核心利益的人進行報復。47

由於習近平和中共領導階層認為中國現在享有比西方更強的實力，他們似乎不再像以前那樣那麼在意「稱霸的野心」被公開曝光，例如「利用海外華僑作為影響力作戰的代理人、向外國大學和電影公司施壓、接受中國的審查重點綱要，並拉攏外國菁英支持北京的政治目標，」布雷迪報告稱。她總結說，「習近平正在利用每一道西方的矛盾裂縫，並在各個裂縫處上全方位作戰，同時繼續尋求與所有可能的夥伴結盟以對抗『主要的敵人』，亦即『美國』和其他西方民主國家……對於習近平來說，西方民主國家代表了全球秩序的『舊時代』，而在第十九次黨代表大會上，他已經宣布全球舊時代的正式終結。」48

第四章

拆解中國政治作戰的目標、方式、手段和戰時支援體系

朝鮮人民軍和中國人民軍的勝利萬歲！這張 1951 年的宣傳海報描繪了朝鮮戰爭中，中國和北韓軍隊擊敗美國陸軍將領道格拉斯．麥克阿瑟（Douglas MacArthur）和聯合國軍隊的場面。

二〇一九年，美國國防部智庫戰略與預算評估中心的羅斯・巴貝奇確認了中國政治作戰行動的四個戰略目標，其中第一個且最重要的目標是「維護無可爭議的共產黨統治」。為了實現這一目標，「中國共產黨使用複雜多變的政治作戰手段來壓制國內的異議分子，強化對黨的忠誠，並破壞中國的國際競爭對手。」[1]

第二個戰略目標是實現習近平的「中國夢」，即「將中國恢復到自認為在印度洋、亞洲及太平洋地區的陸海領域中所應享有的優勢地位」。為此，中共「宣傳了一個強而有力的論述，強調決心解決『中國百年恥辱』，恢復國家的力量、財富和影響力」。中共使用經驗證明有效且不斷更新的政治作戰行動，來實現這一目標：「滲透深入對手陣營、蒐集情報、植入虛假訊息、招募同情者和間諜、製造混亂、打擊士氣，並奪控具有戰略重要性的基礎設施。」[2]

中共的第三個目標是「建設中國的影響力和國際聲譽」，以便「能被尊奉為與美國享有平等的國際地位，或甚至成為比美國國際地位更崇高的國家」。中國運用政治作戰行動，「將美國及其民主盟友從西太平洋和東印度洋的主導地位上逼退」，並在中亞、中東、非洲和南美洲等迄今尚未結盟的國家中「建立戰略性結盟」。[3]

最後，中共的第四個目標是「輸出其威權政治嚴密監控模式，再加上相對開放的經濟管理方式」。[4] 其政治作戰行動的論述主軸是，中國式的治理和發展模式比西方自由民主國家模式更具吸引力。普林斯頓大學教授范亞倫表示，「中國現在試圖展現自己能提供與西方不同的發展模式，這種模式融合了市場驅動的快速經濟成長和政治上的極權統治。」[5] 值得注意的是，這與中共的全球擴展野心有密切關聯，羅斯・巴貝奇評估說，「習近平願景的一部分是培育一群日益志同道合的修正主義國家，隨著時間的推移，這些國家可能會構成一個國際合作夥伴、聯盟，甚至是以中國為中心的帝國。」[6]

本書的後續章節將詳細討論有關中華人民共和國在政治作戰中，所使用的具體戰略和戰術行動。二〇一八年哈德遜研究所的一項研究提供了一個非正式且適當的形容，描述關於中國政治作戰行動的目標、目標受眾和戰略：

對於中共來說，它始終認為美國的地緣戰略實力是中國的終極威脅，其長期目標是透過干預和影響力作戰，以馴服美國的權力和各種自由，如言論自由、個人權利和學術自由。目標受眾包括政治家、學者、商業人士、學生和一般大眾。中共擁有雄厚的財力，並獲得西方支持者的幫助，運用金錢而不是共產主義意識形態，作為影響力的主要來源，以建立長期依賴的寄生關係。中共正透過改變美國和其他民主國家對中國的想法和言論，並以「使世界變得安全」的名義，繼續維持其統治。[7]

然而，中國政治作戰的目標不僅僅是中國共產黨的自我保護，它還包括將中國恢復到中共所認為古代「中央之國」的正當地位，特別是涵蓋東亞大陸範圍，也包括更遙遠的陸地和海洋領域。此外，中國政治作戰的目標是試圖將美國逐出亞太地區，這與其欲奪取台灣的目標息息相關……或套用中共所用的習慣用語，實現與台灣的「重新統一」。

台灣仍然是中國政治作戰的核心焦點。石明凱和蕭良其寫道，「從北京的角度來看，台灣的民主政府……成為中國大陸威權政體可能的替代方案……對中共壟斷國內政治權力上構成了生存挑戰。」[8]中共對中國內戰的期望，最終解決方案包括摧毀中華民國的主權實體，並讓台灣成為中華人民共和國的一個省分。因此，奪取、占領台灣代表習近平所形容「國家統一」的一個重要里程碑；習近平明確表示，將使用一切手段包括使用武力以實現這一目標。[9]

關於美國和其他發達工業國家，范亞倫確定中國政治作戰的另外兩個目標：「獲得或保持被認為對中國經濟能持續成功，起到重要關鍵的市場、技術、思想、訊息和資本的通行權」，以及「阻止外國政府單獨或聯合採取可能阻礙中國崛起，或干擾其戰略目標實現的政策」。[10]

范亞倫還指出，北京試圖通過傳遞兩個訊息來實現其目標：「一是中國是一個和平、無威脅且仍在發展中的國家，致力於追求雙贏的合作關係；其二，中國是一個快速壯大的強權國家，其崛起是無可避免的趨勢，沒人可以阻擋。」這意味著，「各國謹慎的領袖們應該試圖討好中國，跟上『中國列車』，而不是反對中國意願進而惹怒中國。」范亞倫總結說，「中國正在利用其快速增長的軍事、經濟和政治或資訊戰能力的組合，試圖削弱美國在亞洲的地位，以取代其地位並成為地區內的主導性大國。」[11]

識別中國政治作戰的顯著特點

以下簡要檢視中國政府如何建構其政治作戰行動以實現這些目標，包括對中國政治作戰行動特點、方式和手段、組織的簡要概述，以及政治作戰行動如何支持中國政府戰時和其他種類的軍事行動。

戰略與預算評估中心明確定義出中國政治作戰的共同特點如下：

- 透過組織如中共中央統一戰線工作部（以下簡稱統戰部、英文簡稱UFWD）和人民解放軍等，對中國共產黨的政治作戰行動進行強而有力的集中領導。
- 對政治作戰運用具有「明確的願景、意識形態和戰略」。
- 使用明顯和隱匿的手段來影響、脅迫、恐嚇、分化和瓦解敵對國家，迫使它們屈從或瓦解。
- 對國內人民實行嚴格的官僚控制。
- 對被政治作戰攻擊的敵對國家有全面性的了解。
- 採取整套政治作戰工具協調出一致性行動。
- 願意承擔因政治作戰行動曝光而導致的高風險。12

資金和經濟層面的方法和手段

中國是世界第二大經濟體，中共已經投入巨大的資源用於海外的影響力作戰，據估計二〇一五年達到每年一百億美元，到二〇二〇年肯定會更高。[13] 此外，中國的一帶一路倡議項目提供了大量額外的資源來支持政治作戰，因此一帶一路被視為統戰部的全球性戰略（global UFWD strategy）是正確的。[14]

在這場全球政治角力中，金錢就是遊戲規則，必要時會依公開或祕密的軍事、經濟或其他攻擊威脅程度的實際需要，而擴大金錢挹注。不像冷戰時期，意識形態在當前與中國的政治衝突中扮演了極小的角色。正如《中國與美國：比較全球影響力》（*China and the U.S.: Comparing Global Influence*）書中所解釋的，「幾乎從來沒有國家渴望採用『中國模式』。毛澤東災難式的『生產大躍進』『文化大革命』『集體農場（人民公社）』『國有企業』『均貧政策（除了黨內高層）』和『壓迫性政府』，對其他獨裁政權幾乎沒有太大吸引力。」[15]

然而，北京在過去三十年間驚人的快速經濟成長，提供了另一種不同的模式選擇。此外，新的「中國模式」是基於「北京共識」，在很大程度上拒絕了大多數西方經濟和政治價值等發展模式。這種中國模式的主要特徵是「讓人民擺脫貧困，但卻不能擁有法律上的自由權利」。[16]

隨著中國經濟規模相對快速地成長，以及中共似乎慷慨撒錢的表現，確實幫助了全球許多政治、新聞媒體和其他有影響力的菁英擺脫貧困。尤其是當與中國不斷擴大的軍事能力以及其時刻保持警惕的政治作戰和情報機構相結合時，金錢已被證明是支持和促成中國全球野心行動最有說服力的工具手段。

北京在其政治作戰行動中經常使用經濟手段。中國幾乎是西太平洋所有國家的最大貿易夥伴，對於這些國家的發展和繁榮至關重要。因此，如巴貝奇所指出的，「如果中國政權希望對一個地區內的國家或關鍵企業領袖施加壓力，中國有許多經濟槓桿可以拉動，並且經常如此運作。一個值得注意的案例是，當韓國首爾政府承諾部署美國薩德導彈防禦系統（Terminal High Altitude Area Defense，THAAD）之後，中國隨即對韓國採取旅遊制裁、抵制樂天集團的百貨連鎖店銷售等一連串報復措施。」[17]

中共政戰的組織體系

所有黨和國家機構都配合中共的政治作戰行動，因此值得研究一下政治作戰主要部門之間的相互關係。詹姆斯敦基金會的彼得・馬蒂斯寫道，「在這個體系內有三個層級：中共官員、指導和執行單位，以及支援機構，它們提供平台或能力，以支持統戰和宣傳工作。」根據馬蒂斯的說法，一些中共官員監督負責政治作戰和其他影響力作戰任務。這個組織結構源自中共中央政治局常委會，而最高統戰官員會擔任中國人民政治協商會議主席，並且是中央政治局常委會排名第四順位的中常委。另外兩名中央政治局常委分別負責中共中央宣傳部和統戰部，並且還是中共中央書記處的成員，該書記處有權為黨和國家的日常運作做出決策。[18]

馬蒂斯描述統戰部是「統戰工作的執行機構」，工作範圍包括在中國境內和海外任務執行。統戰部「在黨務系統的各個層級都有運作」，其工作職掌包括「港澳和台灣事務，民族和宗教事務，國內和國外的宣傳，企業家和非黨派人士、知識分子、人民之間的交流，以及僑務辦公室」。統戰部還主導在中國和外國企業內部建立黨委會。[19]

僑務辦公室在凝聚全球華僑方面尤為重要。其使命是「增進海外華人社區的團結與友誼，保持與支持海外華人媒體和中文學校的聯繫，增加海外華人與中國內地有關經濟、科學、文化和教育等事務的合作和交流」。[20]為此，它經常邀請來自外國的華人社區研究人員、媒體人士和社區領袖，回到中國參加各種研討會和會議。

美中經濟暨安全檢討委員會的亞歷山大．鮑威（Alexander Bowe）在一份報告中寫道，中共統戰部組織體系共區分為九個局和四個附屬辦公室：

- 黨派工作局：處理中國的八個非共產主義政黨。
- 民族和宗教工作局：關心中國的少數民族。
- 港澳台和海外聯絡局：處理這些地區和國際華人社區的事務。
- 幹部局：培養統戰工作幹部。
- 經濟局：聯繫中國較不發達的地區。
- 無黨派和黨外知識分子工作局：聯繫中國知識分子。
- 西藏局：培養忠誠度並鎮壓西藏的分離主義分子。
- 新的社會階層人士工作局：培養對中國中產階級的政治支持。

- 新疆局：培養忠誠度並鎮壓新疆的分離主義分子。

四個附屬辦公室則包括：

- 辦公廳：協調業務和行政工作。
- 機關黨委：負責意識形態和紀律事務。
- 政策理論研究室：研究統戰理論和政策，並協調宣傳。
- 離退休幹部辦公室：執行有關離職和退休人員的政策。[21]

鮑威進一步指出，「一些中共的軍事和民間組織也積極參與統戰工作，若不是直接為統戰部工作，就是在中國政治協商會議的全般領導下工作。」中國和平統一促進會致力於促進中國大陸和台灣的統一，擁有「至少在九十個國家註冊的二百個分會，包括在美國華盛頓註冊為『中國和平統一促進會全國協會』（National Association for China's Peaceful Unification）的三十三個分會」。[22]

馬蒂斯寫道，中共的宣傳部負責進行「黨的理論研究、引導公眾輿論、引導和協調中央新聞機構的工作、引導宣傳和文化體系的工作，以及管理中國互聯網信息辦公室和國家新聞出版廣播電視總局」。[23]

眾多黨國機構也為中共的影響力作戰做出貢獻。儘管它們沒有專注於統戰或宣傳工作，但可以協助達成這些目標。馬蒂斯指出：「許多黨國機構在參與影響力作戰時，分擔掩職*工作或提供前沿組織協力，而且在適當時機，這些平台有時會提供給其他部外機構使用。」這些黨國機構常見單位，包括民政部、文化部、教育部、外交部、國家安全部、國家外國專家局、《新華社》和解放軍政治工作部聯絡局。[24]

解放軍在中國政治作戰體系中扮演了重要角色。在中共中央軍事委員會的領導下，政治工作部擔任解放軍主要政治作戰行動的策畫與執行。全球台灣研究中心（Global Taiwan Institute）的寇謐將把政治工作部前身，即解放軍總政治部描寫為「一個環環相扣的董事會，負責執行政治、金融、軍事行動和情報等任務」。[25]

石明凱和蕭良其指出，「政治工作部聯絡工作增加了傳統的國家外交和正式的軍事對軍事關係，這些通常被認為是國際關係中最重要的工作。」[26] 政治工作部、統戰工作部和其他影響力作戰部門，在建立和促進眾多友誼和文化協會的活動方面發揮了重要作用，例如中國國際友好聯絡會（China Association for International Friendly Contact），這是中共軍方拉攏外國軍官的中央級組織。

不同於蘇聯和現今俄羅斯的政治作戰模式，中國的情報機構，如中國情報局和國家安全部，似乎在國外影響力行動中扮演次要角色。被分配到這些影響力行動的人，很少是情報官員出身，通常是由深諳中共國際目標並擅長管理外國人的黨內菁英擔任。儘管如此，中國情報局和國家安全部被普遍認為，必然也參與了中共積極手段的海外執行工作，因為情報蒐集始終是政治作戰工作不可或缺的一環，且實為中共政治作戰行動能否成功執行的重要基礎。[27]

政治作戰支援解放軍軍事作戰

透過政治作戰和欺瞞，中國已經在「不戰而屈人之兵」的情況下實現了一些顯著的戰

* 編按：掩職意指透過檯面上的公開職務身分，藉此掩護其特務身分及真正工作內容。

略勝利。然而，如果中國的統治者認為單獨依靠政治作戰無法實現他們所期望的結果，例如在台灣、東海或南海，以及印度等地，他們可能也會考慮選擇以軍事和非軍事的作戰行動來實現目標，儘管或許會因此不慎爆發意外戰爭亦在所不惜。[28]

退役美國海軍上校法內爾認為，在亞太地區或世界其他地方的任何武裝衝突中，中國在公共輿論方面的對抗將成為「第二個主戰場」，在這個戰場上，中國將採取「全方位」政治作戰行動。[29]中國以前曾多次運用政治作戰支持軍事作戰行動，包括一九五〇年的朝鮮戰爭、一九五一年併吞西藏、一九六二年的中印戰爭、一九六九年的中蘇邊境衝突、一九七四年與越南爭奪西沙群島、一九七九年的中越戰爭、一九八八年攻占越南南沙群島、一九九五年占領菲律賓美濟礁（Mischief Reef）、二〇一七年的中印邊境洞朗（Doklam）對峙，以及二〇二〇年的拉達克（Ladakh）地區與印度部隊的小規模衝突。

中國的「團結朋友、瓦解敵人」的原則，在武裝衝突期間指導其積極的政治作戰行動，因為中共建構了事件、行動和政策等戰略溝通論述，用以引導國際輿論風向，影響其盟友和對手國的政策決定。[30]

中國的戰略文獻資料特別強調了三種戰爭方式——輿論戰、心理戰和法律戰，以利在衝突爆發之前先行屈服敵人，或者在衝突爆發後確保作戰勝利。根據新美國安全中心的卡妮亞的說法，「這三種戰爭方法建立了對戰場的認知準備，被認為在和平和戰爭期間，對推進中國的利益至關重要。」解放軍將領早在他們的職業生涯初期就會熟悉政治作戰，而隨著階級晉升，他們會深入研究此一概念，閱讀各種軍事戰略文獻，包括解放軍軍事科學院和解放軍國防大學的《戰略學》以及《輿論戰心理戰法律戰概論》等。[31]

除了使用「三戰」外，中國可能會增加類似俄羅斯在二〇一四年吞併烏克蘭克里米亞時所運用的「混合型作戰」行動[32]。美國智庫研究員庫珀（Cortez A. Cooper III）寫道，中國的政治作戰戰略和能力包括「運用在戰爭門檻以下行動的軍事和準軍事部隊，例如在有爭議的海域增加民間漁船船隊的存在，以支持海上民兵和海軍行動」，這有可能會在「菲律賓、越南或日本等主權聲索國做出回應時引爆衝突」。[33] 中國已經對台灣實施混合型戰爭，因此這種類型的行動可能會在對台灣攻擊準備期間大幅增加出現頻率。[34] 一旦武裝衝突爆發，中共很可能會繼續對台灣採取混合型戰爭行動。

此外，法內爾也認為，「中國將用非軍事行動來增強軍事作戰行動，例如顛覆、散播虛假性和誤導性新聞（現在通稱為「假新聞」）以及網路攻擊。網路作戰的運用對『心理戰』是否成功至關重要。」中國已經擴大其心理戰部隊，尤其是位於福建省福州市的三一一基地，該基地隸屬於解放軍戰略支援部隊，與國家的網路部隊密切合作。[35]

中國將在其發動的任何敵對行動之前、行動期間以及行動後，採取政治作戰行動。在軍事對抗之前，它將發起一場全球性政治作戰行動，利用統戰組織和其他支持者發起抗議活動、集會，並利用網路、電視和廣播進行宣傳和心理操作。歷史證明，政治作戰行動常常與中國的戰略欺敵行動相互為用，這些行動旨在混淆或延遲對手的防禦行動，導致對手在採取有效因應作為時，通常為時已晚。[36]

解放軍可能會在戰爭發起階段掌握主動權，採取「先下手為強」的行動。中國國防政策規定，「觸發中國軍事反應的第一擊不必一定就是軍事行動，對手國在政治和戰略領域上的動作也可能合理化中國所採取的軍事反制行動。」[37] 換言之，軍事反制行動的啟動原因，可能是中國單方面認定受到冒犯、外交上的溝通不良，或政府官員的言詞足以引爆中國的震怒，促使中國做出必要的軍事反擊。

當解放軍與敵軍進行實際作戰時，中國將在「第二戰場」上爭取全球公眾輿論的支持，運用影響力作戰來混淆和打擊敵人，同時試圖贏得最初未表態國家對中國立場的支持。法內爾強調，「中國除了標準的宣傳外，還將利用虛假報導——包括國家當局和（或）軍隊已投降的報告、暴行和其他違反國際法的行為，以及其他旨在轉移或使『美國』及其朋友和盟友的決策變得混亂或癱瘓的報告。」這種政治作戰行動將有助於集結大規模對中國「正義」行動的支持，無論軍事行動本身是否成功，中國都會在軍事行動期間和行動之後繼續運用政治作戰手段。[38]

第
五
章

由親美轉向親中：中國對泰國的政治作戰概述

不是人民怕美帝，而是美帝怕人民。
這幅宣傳海報突顯中華人民共和國對東南亞國家民族解放力量的支持，包括泰國、寮國、柬埔寨和越南。中國提供政治作戰、軍事人員和物資支援，導致越南、柬埔寨和寮國皆淪陷於共產主義的掌控。

想了解中華人民共和國為何能夠相對容易地滲透和影響泰國皇家政府和其他泰國機構的思想和行為，以及近年來中國為何對泰國明顯地增加其影響力作戰的力度，必須要先從歷史上概述泰國與中國的關係。

泰國與中國的關係具有深厚的歷史根源，溯及泰國臣屬於中國統治的朝貢國時期，到中國對泰國統治漸趨衰弱的冷漠時期，以及異常緊張和公開的代理戰爭時期。影響這兩個國家關係的關鍵因素包括：它們彼此緊密且鄰近的地理位置、它們與鄰國的關係，以及在該地區有利益相關的外部強國影響，如美國和蘇聯。其他重要因素，還包括泰國歷史上推動的「竹子外交」(Bamboo Diplomacy)*，使其基本上抵擋住帝國主義的入侵、泰國內部經濟勢力強大的華人社群，以及特別是在二戰後、共產主義意識形態所形成難以抗拒的壓力。[1]

在政治學者賈恩（R. K. Jain）於一九八四年所寫的《中國與泰國，1949-1983》(*China and Thailand, 1949–1983*）一書所包含的歷史文件和分析中，檢視了二十世紀中葉束縛中泰關係的地理、社會和歷史因素。賈恩的著作非常有價值，因為它附帶了原始重要文件和報告的副本，提供了一個近乎當代的紀錄，不受目前關於中國和泰國的大部分著作中「修正主義」的影響。班傑明・札瓦基（Benjamin Zawacki）於二〇一七年出版的《泰國：美國與中國間的角力戰場，在夾縫中求存的東南亞王國》（*Thailand: Shifting Ground between the US and a Rising China*）也非常有用，基於外交電報和維基解密所獲得的文件以及大量的訪談，札瓦基的書清晰地記錄了導致二〇一四年至二〇一七年間，泰美關係幾乎崩潰的重大事件和決策。

中泰關係的起源

賈恩說明了泰族建立的南詔（Nanchao）曾存在於現今中國雲南境內有數個世紀之久，直到約西元九〇〇年成為中國的附庸國。然而，由於蒙古入侵中國，泰國族裔被迫南下，於十三世紀初創立了素可泰王國（Kingdom of Sukhothai）。該王國在西元一二九四年，向中

* 譯注：竹子外交是指一個國家使用文化、藝術、語言、教育等非政治和非軍事手段，來增強其國際影響力和外交關係的作法。這種外交策略的名稱源於竹子在亞洲文化中的重要地位，竹子在亞洲被視為具有深刻的文化象徵和實用價值。這種外交方法通常不依賴威脅或武力，而是通過增進彼此之間的理解和互信，以達到外交目標。竹子外交的方式通常包括：藝術展覽、文化交流、語言學習計畫、教育合作、文化交換等活動。這種外交策略通常是某些國家，尤其是文化較為悠久和豐富的國家，用來擴大其國際影響力的一種方式。

國派遣朝貢使團，因此成為「中國大家庭」的一部分。當大城王朝（Ayutthaya Dynasty）於西元一三五〇年掌權時，也獲得了中國明朝的承認，並開始定期向北京派遣朝貢使團，一直持續到一八五三年為止。一八五三年泰國使團最後一次前來朝貢後，中國和泰國便停止了外交關係。[2]

數百年來，隨著泰族的南遷，尤其是在十九和二十世紀期間，大量華裔移居到了泰國。許多人因中國福建和廣東的惡劣生活條件而背井離鄉，也有從海南島或沿海港口乘船通過海路前來的人。在來到泰國的中國移民中，包括潮汕人、客家人、海南人、福建人和廣東人等。[3]

已故的東南亞研究學者班納迪克．安德森（Benedict Anderson）指出，來自中國的大規模移民直接影響了泰國的現代君主制度。泰國的現代歷史始於一七六七年，當時緬甸軍隊洗劫、掠奪和焚毀了大城王國的古都大城；許多被擊敗的地區隨後被緬甸占領，泰國貴族也被殲滅。隨後的吞武里王朝（Siamese Kingdom of Thonburi）經歷了多年的混亂和破壞，最終，吞武里的國王達信（Taksin）[†]驅逐了緬甸人。達信是一位中泰混血兒，安德森聲稱他「利用了在東南亞定居且經驗豐富的中國水手」擊敗了緬甸人。[4]被尊稱為達信大帝

（Taksin the Great）的他，至今仍受到泰國的崇敬，但在統治了十四年後，他在宮廷政變中被推翻，且他與整個家族都被一起處決。此後，人們熟知的拉瑪一世（Rama I）接替了達信，並於一七八二年年創立了扎克里王朝（Chakkri Dynasty），至今在泰國屹立不搖。[5]

包括塔克辛和拉瑪一世都有潮州人的血統。在暹羅（今泰國）的華人社群中，潮州人成為主要的族群，他們與地位崇高的家族通婚，並獲得了宮廷中的重要職位。安德森寫道：「只有隨著（泰國和中國）民族主義的興起，才會讓人羞於承認國王可能是一位外來移民，而扎克里王朝開始隱瞞他們王朝有中泰混血的王族血緣關係。」[6]

移民增加與民族主義興起

除了數百年來中國人向暹羅（現今泰國）移民外，許多中國男性與泰國女性通婚，並出現同化的現象。[7] 在國王拉瑪五世（Rama V）統治時期，泰國政府鼓勵「窮困、不識字的中國人移民來到商業化的甘蔗園工作，或從事建設港口、道路和鐵路運輸網等工作」。[8]

† 編按：即鄭信，是泰國歷史上吞武里王國建立者和唯一一位君主，在泰國被尊為五大帝之首，泰國華人稱其為鄭王或鄭皇。

政府未限制中國移民，允許自由遷徙並徵收低稅。然而，中國移民偶爾反抗泰國當局，例如在一八四八年由於增加課稅負擔而爆發的群眾暴動事件。政府的報復行動非常嚴厲，包括發生在一個戰場上的「大屠殺」，造成了約一萬名的中國男女和兒童死亡。[9]

最終，中國人與泰國人的族群融合失敗，加上清朝時期逐漸形成的泰國民族主義和中國民族主義，導致兩族之間不融洽的後果。這種民族主義在清朝於一九〇九年頒布的《大清國籍條例》中顯露無遺，這是一個「能夠讓那些身處超越領土主權的人，無論是海外還是在領事轄區內，與清朝繼續保持聯繫」的作法。[10] 事實上，這項法律吸引了海外華人對中國的支持，可以說是當今中國政府利用海外華人組織的統一戰線行動的前奏曲。呼籲海外華人支持中國的呼聲，極大程度地影響了暹羅（泰國）華人族群的思維。

在一九一〇年，曼谷華人祕密社團協調發動了為期三天的罷工，使得泰國首都的經濟活動頓時停擺。罷工的原因是，華人抗議他們每年必須支付與泰國公民相同的稅捐。泰國政府對華人在其國內展示如此毫不隱瞞的經濟實力感到震驚。更糟糕的是，泰國人發現華人認為自己在泰國國內不受該國法律約束；他們開始意識到，一群未融入泰國社會的華人可能會覺得自己凌駕於泰國法律制度之上，並隨時有可能發起叛亂行動。

接下來的四十年將是相當煎熬的時期，華人和泰國人在種族、族群、經濟和戰時聯盟等問題上爭吵不休。清朝的瓦解和一九一二年中華民國的建立，使得海外華人對中國國籍有了更多的認識，其中許多人開始設立中文學校和出版中文報紙，以保留自己獨立的文化認同，並在某種程度上抵制融合。泰國通過了各種法律，以確保在泰國國內的所有華人融入同化，包括一九一三年的《泰國國籍法》（*Thai Nationality Act*）。然而在第二年，拉瑪六世以筆名「Asvabahu」寫了一篇論文，認為華人由於他們的「種族忠誠和自我優越感」很難融入泰國社會。[11]

中華民國在一九一一年由中國國民黨掌權後，試圖與泰國建立外交關係。然而，由於為此目的起草的條約中，稱泰國為中國的「附庸」國家，因而功敗垂成，如同一九二〇年代和三〇年代的其他努力一樣。泰國始終拒絕中華民國的外交提議，擔心正式的外交關係將使得中國有機會透過華人族群干預泰國的內部事務。

據報導，雖然當時暹羅（泰國）境內已經存在共產黨，但一直到一九四二年泰國共產黨（Communist Party of Thailand，CPT）才正式成立。該組織最初受到蘇聯的意識形態引導，儘管它受到了一九二七年國共分裂後，逃離中國的中國左派分子的重大幫助。順道一提，這些左派在一九六〇年代初的蘇中分裂期間最終還是支持了中國毛派。

泰國在一九三二年六月爆發暹羅立憲革命，該政變終結了泰國的絕對君主專制，建立了君主立憲制。之後，泰國統治者對中國共產主義的威脅感到擔憂，因此在一九三三年頒布了《反共法》（*Anti-Communist Act*）。

戰爭年代

一九三八年，頌堪（Plaek Phibunsongkhram）成為泰國總理，建立了軍事獨裁政權，並在隨後的一年將國家的官方名稱從暹羅（Siam）改為泰國（Thailand）。作為日本帝國的支持者，他贊成日本入侵中國，並採取行動鎮壓泰國境內的反日華人。由於中國社區支持抵制日本侵略中國的反日運動，儘管中國提出抗議，泰國政府仍關閉了許多中國企業、學校和報紙，並驅逐了活躍政壇的華人。[12]

在第二次世界大戰期間，泰國與日本結盟，並向英國和美國宣戰，並加強了對境內華人族群的限制。華人被排除在某些職業之外，並被迫離開被視為「軍事區域」的許多地區。

此外，泰日合作支持監禁泰國境內中國國民黨的華人。[13]一九四四年頌堪被迫下台後，對中國國籍人民的限制稍微減緩。與此同時，抗日組織自由泰人運動（Free Thai Movement）努力終結了泰日聯盟，一些改與蘇聯和毛澤東共產黨合作的泰國人，則在一九四二年成立了泰國共產黨。

隨著一九四五年九月日本帝國戰敗和第二次世界大戰結束，泰國先後任總理西尼・巴莫（Seni Pramoj）和比里・帕儂榮（Pridi Banomyong）努力恢復泰國的國際地位，並討好中華民國和蘇聯，以支持泰國在一九四六年能加入聯合國。為此，泰國恢復了一九三九年之前華裔泰人享有的大部分權利，並撤銷了《反共法》。[14]

中泰的關係建立與決裂

一九四六年一月，泰國和中華民國簽署了《中華民國暹羅王國友好條約》（*Siamese Chinese Treaty of Amity and Commerce*），建立了基於「平等和尊重主權原則」的外交關係。[15]中華民國首位駐泰國大使於一九四六年九月抵達曼谷，並於一九四七年成立了泰中友好協會，當時已下台的前總理比里・帕儂榮是協會的重要成員之一。之後在與戰時前獨裁者頌堪的權力鬥爭中失敗後，帕儂榮逃往中國，並在雲南設立了「自由（大）泰國自治區」（Free〔Greater〕Thai Autonomous Region）。[16]

一九四八年，頌堪再次成為泰國總理。當國共內戰於次年結束、並建立中華人民共和國時，中華民國政府撤退到台灣。中華民國隨後關閉了其在泰國的五個領事館，同時位於曼谷的大使館也失去了大部分影響力。然而，泰國一直拒絕承認中華人民共和國的共產黨政權，直到一九七五年七月一日才正式建交。

在此期間，中泰關係充滿了不信任、猜疑和流血事件。中華人民共和國迅速開始贊助該地區的國家解放運動和戰爭。出於對共產主義威脅的擔憂，泰國政府採取了打擊共產主義分子和華人少數族裔的措施，數百名中國工會領袖被逮捕，學校和協會被搜查。[17] 到了一九四九年，泰國官員擔心中共將促成越南和寮國的共產主義分子與泰國東北部的分離主義分子合作，並利用在泰國的五萬名越南難民進行顛覆活動。儘管中華人民共和國提出抗議，但泰國政府限制了泰國的華人社區活動，因為當時國內大多數的共產主義分子都是華人。

一九五〇年八月，韓戰爆發，泰國成為亞洲第二個向聯合國提供地面部隊的國家，聯合國當時正在對抗中華人民共和國和蘇聯支持的朝鮮北部武裝力量。該年，泰國與美國簽署了一項經濟和軍事援助協議，明確表明泰國對抗中華人民共和國和蘇聯，與美國領導的「自由世界」站在一起。同樣在一九五〇年，中國國際廣播電台（China Radio International）——一個中華人民共和國的國營廣播電台，開始以泰語播送反美和親中共的宣傳喊話，以奠定泰國共產黨即將發動長達三十年內戰的基礎。

儘管這場重要的中華人民共和國國際宣傳運動，得到當時流亡在中國的泰國前總理帕儂榮的幫助，但在一九五四年，泰國成為了東南亞公約組織（Southeast Asia Treaty Organization）的創始成員國之一，該組織旨在聯合非共產主義國家對抗共產主義威脅。[18]

在這個時期，中華人民共和國在泰國的宣傳，主要聚焦於反美主義和中立主義，包含中華人民共和國根據一九五五年萬隆會議（Bandung Conference）上提出的「和平共處五項原則」下的「和平意圖」，以及對中華人民共和國的正式承認等議題。萬隆會議讓中華人民共和國能夠啟動其所謂的政治宣傳武器庫中的早期版本，這可以視為其一九九〇年代「魅力攻勢」的一環。[19]

此外，一九五六年一月，由泰國社會主義反對派領導人及一位前部長級官員發起的「泰國人民友誼促進使團」(Thai Peoples' Mission for the Promotion of Friendship)，前往中國訪問了毛澤東和總理周恩來。同時，中華人民共和國也開始推動「人民外交」運動和努力發展外貿聯繫。[20] 這些影響力行動的成果之一是，使曼谷對承認中華人民共和國的反對態度有所軟化，但這種軟化並沒有持續太長時間。

在泰國努力發展和維持中立政策的同時，中華人民共和國將泰國的君主制和軍事領導層稱為「法西斯反動派」(fascist reactionaries)、「帝國主義的走狗」(lackeys of imperialism)，以及其他帶有貶義的名稱，這些名稱對於研究共產國際（Comintern）慣用術語的人來說都很熟悉。另外，中華人民共和國採取的其他宣傳策略，包括不斷歸咎美國「煽動泰國和南越」反對中國，並支持北越對泰國政府的攻擊，尤其針對泰國國內越南居民受到不公平的待遇問題發難。[21]

泰國與鄰國柬埔寨共享很長的邊界，而令曼谷政治菁英們大感震驚的是，柬埔寨於一九五八年正式承認中華人民共和國。泰國的領袖們認為，中華人民共和國在柬埔寨首都金邊開設大使館將增加對泰國和柬埔寨的顛覆活動。他們的懷疑是合理的，因為中華人民共和國加強了對越南的越南獨立同盟會（Viet Minh），以及寮國的巴特寮（Pathet Lao）等共產勢力的支持。這為中泰之間長達十年的激烈敵對時期揭開了序幕。到了一九五九年，中華人民共和國發起的「泰國自治人民政府」從雲南滲透到泰國北部，煽動當地居民製造動盪不安氛圍。因此，曼谷禁止了所有與中華人民共和國的貿易和個人旅行，並加強與在台灣的中華民國政府的關係，以使國內的華人社區有一個替代性轉移的忠誠對象。

當中華人民共和國支持的巴特寮部隊占領寮國東部時，泰國領導人與美國密切合作，打擊國內顛覆和外部侵略的共產主義。在一九六二年五月的泰美協議簽訂之後，美國軍隊開始駐紮在泰國，主要用於打擊越南南方民族解放陣線（Viet Cong）。如預期一般，中華人民共和國透過《人民日報》（*People's Daily*）等宣傳機構抨擊泰國，指責其成為「美國侵略印度支那人民的積極幫兇」以及「干涉寮國的內政」。[22] 美軍駐紮在泰國，被中華人民共和國描繪為美國帝國主義企圖「占領泰國」，並對中國安全構成「嚴重威脅」，同時強調中國人民必會做出反應。

泰國境內的游擊戰有中共在撐腰

一九六五年一月，在泰國領袖和支持泰國的主要國家看來，當中華人民共和國外交部長陳毅對一名訪問的歐洲外交官表示，希望「在一年內發動對泰國的游擊戰爭」，上述言論實際上等同是對泰國宣戰。[23] 自此，澳洲—紐西蘭—美國的三國聯盟（或稱澳紐美安全條約 ANZUS），確定中華人民共和國已將泰國視為其下一個侵略目標，使「中國若以『韓國模式』入侵，最有可能從泰國北部切入」的恐懼，變得更加真實。[24]

中華人民共和國與泰國之間，在聯合國和新聞媒體等宣傳戰場上相互進行政治作戰攻防。中國的主要宣傳機構之一，是成立於一九六二年的《泰國人民之聲》廣播電台，位於雲南。中華人民共和國的宣傳強調泰國已成為「美國入侵法屬印度支那地區的前哨站」，批評泰國軍隊進攻寮國和柬埔寨，以及在越南戰爭期間提供地面、空中和海軍部隊參與南越戰鬥。泰國對此的回應是，它僅僅是在捍衛「南越的權益以及自身的重要利益，抵抗共產主義對自由國家的陰謀侵犯」。[25]

與此同時，中華人民共和國支持的「泰國愛國陣線」（Thai Patriotic Front）於一九六五年一月由泰國共產黨建立，以填補三角戰略中「黨軍聯合戰線」（party-army-front）的角色。

它在距離泰國邊界北方約一百二十公里的雲南營地進行培訓，允許泰國共產黨增加對泰國政府的作戰行動。[26]北京當局毫不掩飾地支持泰國共產黨的武裝鬥爭，公開在《北京評論》和《人民日報》等媒體上祝賀其取得的成功。中華人民共和國的媒體，也努力「激發群眾參加意願，發展農村地區的武裝鬥爭」。[27]

北京的宣傳目標之一是泰國的華人族群。在一九六五年，曼谷約有一半的人口是華人，是東南亞最大的「海外華人」社區。雖然這個龐大人數對泰國構成了嚴重的第五縱隊威脅，但泰國官員強調，他們切斷泰國共產黨與泰國華人的資金和支持，是基於政治而非種族。泰國政府實施了一些措施，例如要求中文學校使用泰語授課、拆除曼谷唐人街的中文標誌，但它沒有實行人口控制措施，甚至開始允許有中國血統的泰國人加入皇家泰國武裝部隊。[28]

然而，泰國仍舊直接將中華人民共和國視為敵對行動的目標國。由於北京的「公然侵略、間接滲透和顛覆行動」，泰國政府在一九六六年至一九七一年間，反對中華人民共和國加入聯合國。[29]此時，毛澤東發起文化大革命，據報導有多達二百萬中國人喪生，這一事件對中華人民共和國的外交政策造成了挫折，大大地削弱了其在東南亞的影響力。然而，全球其他地方的「文化大革命」狂熱分子的熱情，反而轉化為更加熱衷於中華人民共和國對包括泰國在內的共產主義革命運動的支持。

作為地區「集體政治防禦」努力的一員，泰國於一九六六年協助成立了東南亞國家協會（Association of Southeast Asian Nations，ＡＳＥＡＮ，後文簡稱東協）。[30] 隨後，中華人民共和國針對東協的政治宣傳基於該主張——即該組織是「由美國帝國主義和蘇聯修正主義共同打造的工具，用於在亞洲追求新殖民主義目標」。[31] 注入「蘇聯修正主義」一詞反映了當時不斷加深的中蘇競爭關係，最終導致兩個主要競爭的共產主義體系之間的完全決裂。

到一九六九年，泰國國王蒲美蓬（Bhumibol Adulyadej）和泰國政府，支持打擊泰國的共產主義叛亂和抵抗中華人民共和國的侵略，儘管那一年，泰國共產黨宣布成立泰國人民解放軍（ＰＬＡＴ）。泰國對於美國的支持充滿信心，這對政府在軍事和訊息戰場上都能確保成功至關重要。在當時，東南亞地區有大約五十萬名美國軍隊，其中包括約四萬八千名軍人駐紮在泰國的七個空軍基地，而美國國務院、美國新聞署和中央情報局則全力支持泰國的反叛亂行動。[32]

然而，在美國，由北越結合其他國家和組織所進行相當成功的政治宣傳行動，引發大眾對美國如何發動越戰行動的合法性產生質疑。這導致了日益嚴重的政治分歧、社會動盪，以及侵蝕了美國大眾和國會對防衛南越政策的支持。

尼克森主義和中泰關係的重新評估

一九六九年，新當選的美國總統理查・尼克森（Richard M. Nixon）發表了尼克森主義（Nixon Doctrine）。這項政策原則，也稱為「關島主義」（Guam Doctrine），要求將東南亞的作戰責任由美國轉交給當時參與戰爭的合作夥伴國家，儘管美國仍然提供物資、培訓和其他支持。隨後，尼克森開始從越南撤回部分美國軍隊，並表示他打算與中華人民共和國的關係正常化。[33]作為回應，泰國總理他儂・吉滴卡宗（Thanom Kittikachorn）及其政府轉向，重新評估了該國與中華人民共和國的關係並開始聯繫北京。根據他儂的外交部長所言，「隨著中國共產黨將注意力從內部事務轉向對外利益，以及美國試圖退出亞洲舞台，中國將隨即成為亞洲和平、安全和自由的關鍵支撐。」[34]

一九七一年，尼克森宣布訪問中華人民共和國，這一舉動「震驚和震撼」了泰國政府。

泰國當局並未收到任何預警，為了追求「和平共處」，必須做出進一步的努力來加強泰中關係，但這些努力被中華人民共和國拒絕了。在當年針對中華人民共和國加入聯合國的投票中，泰國提供了口頭支持，但最終棄權投票；因為泰國希望能夠分開投票，以維持在台灣的中華民國在聯合國的地位，儘管這個選項被取消了。[35]

到一九七三年，泰國政府公開宣布該國共產主義叛亂已被「有效遏制」，並提出願與中華人民共和國進行貿易，以緩解兩國之間的緊張關係，並減少中華人民共和國對泰國共產黨的支持。到了年底，泰國簽署一項自一九五九年以來一直被禁止的石油交易；一九七四年，泰國立法機構通過了「正常貿易」的授權。然而在一九七三年，泰國軍事統治者進行了一次殘酷而血腥的內部鎮壓，導致三千名大學生、知識分子、勞工領袖和其他人逃離曼谷，加入了泰國共產黨的叢林隊伍，組成了統一戰線，並為泰國共產黨和泰國人民解放軍提供更好的領導人材和技術能力。[36]

大地震般的重整：從熱戰到冷和平

一九七五年六月，泰國總理庫克里巴莫（Kukrit Pramoj）訪問了中華人民共和國，並於隨後的一個月與北京建立了正式關係。[37] 儘管正式關係並未立即結束中華人民共和國對泰國共產黨的支持，但它確實促使泰國與中華人民共和國的貿易，從一九七四年的四百七十萬美元增加到一九七七年的一．六九億美元。

一九七五年四月，南越的西貢（今胡志明市）、柬埔寨的金邊以及寮國的永珍，相繼落入共產主義勢力手中，導致亞洲地區的巨大權力改組。北越在越南戰爭中的勝利，儘管得到中國的支持和喝采，但對北京來說也帶來一定的風險，因為新成立的越南社會主義共和國（Socialist Republic of Vietnam）積極發展與蘇聯的關係。為了對抗越南社會主義共和國和蘇聯的聯盟，以及對蘇聯在亞洲影響力不斷擴大的擔憂，泰國和中華人民共和國走得更加緊密。中華人民共和國在一九七五年中期採取與泰國聯盟的措施之一，即是承諾停止支持泰國共產黨叛亂分子。[38]

儘管中國面臨了從毛澤東到鄧小平粗暴的權力交替，以及必須對抗敵對的蘇聯和越南，但有些諷刺的是，它促使泰國政府決定讓美國的軍事力量繼續留在泰國。中國當時的統治者也認為美國對區域安全至為重要，包括對中國自身的安全。隨著北方和東方的共產主義勝利，且並不知道冷戰會持續多久，因此泰國國王蒲美蓬大力支持繼續與美國保持緊密關係。[39]

然而，在總理克里巴莫設定的條件下，美國在泰國的最後一個基地必須在一年內歸還泰國，且屆時美國作戰部隊也須撤離該國。在另一個具有諷刺意味的轉折中，中國意外獲得了結束泰國共產主義叛亂的功勞，儘管它曾協助其成立並支持了將近三十年的時間。[40] 此外，克里巴莫總理同意泰國將切斷與台灣的外交關係，以支持中華人民共和國的「一個中國原則」。[41]

在一九七六年的泰國大選後，以及隨後的軍事政變，中泰關係再次惡化。堅定的反共主義者他寧·蓋威欽（Thanin Kraivichien）被任命為總理，他立即採取措施以減少與北京的互動。這導致中華人民共和國加強對泰國共產黨的支持，不僅恢復了針對曼谷「反動統治集團」的反泰廣播等政治作戰行動，並擴大了泰國共產黨的統戰活動，包括拉攏泰國的社會主義政黨。[42] 然而，泰國陸軍將領堅塞·查馬南（Kriangsak Chomanan）在一年後（即一九七七年）接替了他寧。儘管堅塞本人也反共，但面對越南的持續威脅，他希望利用中華人民共和國來改善泰國與柬埔寨的關係。

堅塞於一九七七年兩次與鄧小平會面，允許先前被禁止的泰國中文報紙恢復出版。然後，他在一九七八年三月訪問北京，簽署了一項貿易協議。在北京，他被告知中共將繼續與泰國共產黨保持關係，但北京認為泰國的共產主義叛亂是一個「內部問題」。堅塞還被要求加入中國陣線一起對抗「帝國主義和霸權主義」。[43]

一九七八年十二月，越南軍隊入侵了當時稱為「民主柬埔寨」（Democratic Kampuchea）‡的柬埔寨，並在隔年一月推翻了波布所領導並獲得中國支持的紅色高棉（Khmer Rouge）——該政權於三年前開始掌權。就在一九七八年同一個月，中國和美國建立了正式關係，並在泰國的支持下，中國於二月入侵越南。[44]中泰合作關係迅速加強，因為泰國政府擔心其軍隊無法與越南相抗衡。泰國軍事官員認為，如果越南軍隊在早上越過泰國與柬埔寨的邊界，他們將「在午餐時間前到達曼谷」。另外，中國聲稱軍事入侵越南的目的就是要給「越南一次簡短的教訓」。[45]

在中、越和柬、越兩場戰爭期間，越南軍隊推進至泰國東部邊界，泰國政府允許中國在其領土上使用空中和陸地路線，支援波布政權的柬埔寨軍隊，該軍隊同時也得到泰國共

‡ 譯注：「民主柬埔寨」是指當時波布領導的柬埔寨政權的自稱，但外界普遍稱其為「紅色高棉政權」，亦稱赤棉。該政權在一九七五年至一九七九年間統治柬埔寨，並實行了大規模的種族滅絕和大屠殺。

產黨的支持。[46]根據東南亞學者格雷戈里．文森．雷蒙（Gregory Vincent Raymond）的說法，泰國皇家陸軍透過「進行跨境情報蒐集任務」，加上「啟動並發展與柬埔寨和中國領導人的聯繫」，以及透過「向紅色高棉提供大量軍援」來支持柬埔寨。雷蒙得出結論，「將原本敵對的中國關係轉變為一種幾乎是共同反對越南的聯盟，是泰國最有說服力和成功的策略步驟。」[47]

當然，中國為了獲得泰國在中越戰爭中的支持也做出了一些讓步。例如，三十年來曾經將泰國政府領導人貶低為「法西斯反動分子」和「帝國主義的走狗」的中國政治作戰機關，包括《北京週報》（*Beijing Review*）和《人民日報》等令其立即改口，大加讚譽泰國對抗越南侵略的行動準備。同時，中國高級官員誓言支持泰國「保護自身免受侵略和擴張」的努力，並聲稱將對泰國加強其與東協國家的關係列為「第一優先」工作。此外，北京還聲稱已關閉了《泰國人民之聲》和《雲南之聲》電台，儘管有其他跡象顯示事實並非如此。[48]

更重要的是，中國停止對泰國共產黨的支持，減少了泰國內部的安全挑戰。中國發誓停止向泰國人民解放軍提供武器，而泰國領導人則允許中國的武器輸出可以通過泰國領土以船運送給紅色高棉；儘管曼谷官方立場是對柬埔寨衝突保持「嚴格中立」的態度。

一九八〇年代中期，越南軍隊對泰國境內的襲擊進一步鞏固了中泰關係。雖然經過這些入侵行動後，泰國與美國的關係有所恢復，包括反坦克武器培訓和大規模聯合軍事演習等合作，但泰國也大幅增加了與中華人民共和國的合作關係，最終是「中國」被認定為幫助泰國阻止了越南的全面入侵。[49]

經濟和政治交集：中泰關係持續升溫

到了一九八〇年代中期，泰國總理炳・廷素拉暖（Prem Tinsulanonda）和泰國君主制度之間的關係大大地加強，這將在未來數十年後有重大的回報。此外，泰國的華人社區開始被視為是泰國「最寶貴的經濟資源」。[50]

儘管泰國的食品業公司卜蜂集團（Charoen Pokphand），早在一九四九年便在中華人民共和國發展業務，但在一九八〇年代初期，泰國領導們開始鼓勵更大規模的企業到中國發展。總理廷素拉暖選擇了卜蜂集團來帶領這條發展道路，該集團的泰國華人董事長在被任命為外交部顧問後，在泰國政府中獲得了重要的影響力。[51]直至今日，這家泰國最大的私人企業集團，仍透過遊說政府官員和其他商業領袖，以及購買廣告等方式，繼續對泰國政府產生巨大的影響力，以符合其與中國雙邊的商業利益。

在這一時期同樣不容忽視的是，有華裔血統的泰國人利用商業聯繫和技能，不僅影響了政治，還成為政治人物。泰國華裔商人買通了所謂的「君權網絡」（Network Monarchy），這是一個包括王室成員、軍隊和其他菁英的「準政治機構」；泰國軍官被任命為董事會成員，以抑制華人商業領袖的影響力，[52] 其他軍官則抵抗中國的商業影響。然而，這些軍官反而被欲抵制的中國商人所收買（雖然仍有些軍官拒絕被收買），加上中泰關係的逐步改善，最終導致了一九八一年未能成功的「少壯派」（Young Turks）政變企圖。

到了一九八〇年代末，中國已經停止了從雲南播送的泰國共產黨廣播，並建立了中國人民解放軍與泰國皇家最高司令部之間的通信聯繫。兩國間高階文職和軍事官員的互訪，變得司空見慣。中國的武器和彈藥，雖然品質不一，但也大量流入泰國軍隊。[53] 雙方簽訂了貿易協議，要求中國進口泰國的農產品，而泰國則進口中國的石油和機械設備。儘管泰國領導人對柬越戰爭期間，中國繼續支持柬埔寨紅色高棉感到擔憂，並密切關注中共在一九八九年六月天安門事件中的暴行，但中泰關係依舊持續改善。在一九八九年至二〇〇一年間，各個泰國領導人皆試圖在美國和中國之間取得平衡，其中最重要的是曾擔任總理的乃川（Chuan Leekpai），他試圖保持與美國的良好關係，並將美國視為針對「雄心勃勃且極具擴張性的中國」的制衡力量。[54]

一九九一年的軍事政變導致翌年五月政治抗議的殘酷鎮壓，並引發了國王蒲美蓬本人的出面干預。隨後，泰國經歷了一場「泰國之春」（Thai Spring）運動，激發出一個現代、民主泰國公民社會的誕生，這個公民社會並不支持與中國發展緊密的關係。但自一九九七年開始，亞洲金融危機導致泰國對於美國和中國哪一方能提供更耐久的友誼和利益，出現戲劇性的轉變。隨著泰國經濟的崩潰，美國採取緊縮措施，而中國提供了種子資本（seed capital）的提議，這一舉措在幾年後將帶給中國巨大的政治回報。[55]

雖然蒲美蓬國王對中國是否對泰國有地緣政治的企圖心存猜疑，但他允許女兒詩琳通公主殿下（Crown Princess Maha Chakri Sirindhorn）幾乎每個月訪問中國，而皇后詩麗吉（Queen Sirikit）也在二〇〇〇年到中國訪問。此外，占泰國人口約一〇%至一四%的華裔泰國公民，繼續透過「金錢政治」在商界、公務部門和軍隊中取得前所未有的高層職位。班傑明．札瓦基寫道，在這個時期，華裔泰國人「在泰國的知名度和權力上取得了進展，就像中國在國際舞台上開始嶄露頭角的情況一樣」。[56]

就金錢政治而言，在中國各省皆有投資，既有錢又有影響力的卜蜂集團，協助泰國成立了一個新政黨，並代表中國進行遊說活動。根據一名泰國高階官員的說法，「卜蜂集團是唯一會在我們與中國密切關係中受益的公司，它招募了最優秀的人才。外交官為卜蜂集團工作，每個人都在為中國遊說。」卜蜂集團與中國之間互動的一個例子是，自一九九八年中共開始鎮壓法輪功以來，該集團協助中國在泰國各地打壓法輪功運動。[57]

亞洲金融危機和塔克辛的崛起

一九九七年的亞洲金融危機，是泰國歷史上的一個重大轉捩點。這場危機主要是由於泰國對其經濟的管理不當所致，在這場地區經濟危機中，中美兩國截然不同的反應，使泰國對中國和美國的看法產生根本性轉變。華盛頓和北京為它們隨後在泰國二十一世紀外交政策計算中的衰落和崛起埋下了種子。當美國的作法被認為是「教條、傲慢和錯誤」時，中國提供了泰國無條件的援助。最終，泰國人認為美國總統柯林頓的反應不當且「太遲太少」；而中國提供的十億美元援助則是及時又有用的，儘管實際上這筆援助金額從未被兌現。[58]

中國應允的無條件、卻從未兌現的財政援助，在泰國產生了非常重大的政治影響力。根據一名泰國資深政治家的說法，「每個人都在說『哦，謝謝中國』。」實際上，為泰國提供了重要幫助的日本反而未獲得太多的公開讚譽，這被認為是中國「聰明行銷」的結果。或許也因為這種看法，華裔泰人也許是金融危機中遭受打擊最嚴重的一群人，他們卻仍能繼續在泰國擴大權力和影響力。[59]

一九九九年二月，泰國和中國簽署了一份《二十一世紀合作計畫聯合聲明》（*Plan of Action for the 21st Century*），這是中國與東協國家簽署的第一份此類協議。該計畫反映了中國「希望美國綜合實力下降」的願望，並「概述了在貿易和投資、國防和安全、司法事務、科學技術、外交和文化等領域的合作」。[60] 到了千禧年初，泰國總理乃川更大幅增加與中國的實質性交往，自一九九八年至二〇〇〇年間，泰國與中國舉行了一千五百多次會議，也是泰國對外雙邊會議中次數最多的國家。

在這一時期，另一個被大部分人忽視的中泰互動重點是——開發克拉運河（Kra Canal）的構想。這一概念已被討論了數百年，目標是在泰國狹窄的克拉地峽（Kra

Isthmus）挖掘一條五十公里到一百公里長的運河，將東部的泰國灣和西部的安達曼海連接。根據班傑明・札瓦基的說法，該運河將「使麻六甲海峽僅具次要的輔助性質」，從而減少美國軍事力量對中國能源和貿易利益構成的威脅，因為目前這些貿易船隻必須經過麻六甲海峽。從一九九七年至今，泰國各任總理一直在重新評估這一概念的可行性，同時中國也提供了越來越多的激勵誘因，以符合中國對該項目的實質利益。[61]

二〇〇一年一月，曾經是泰國皇家警察中校的塔克辛・欽納瓦（Thaksin Shinawatra），帶領三年前由他所創立的泰愛泰黨（Thai Rak Thai）贏得了泰國大選中四一％的選票，獲得泰國歷史上最大的選舉勝利。塔克辛來自一個富有的華裔泰國家庭，據報導他是客家人的後裔。[62] 同年九月十一日，伊斯蘭極端恐怖分子劫持了幾架商業飛機，撞擊了美國的紐約世貿中心和五角大廈，引發美國對全球恐怖主義的長期關注，使美國轉移了對亞洲的注意力。這兩個事件共同促成了泰國統治者和菁英階層，決定從親美轉向親中的政策趨勢。

在二十一世紀初的時候，促使泰國發生大地震般轉變的世界格局，還有被描述為美國駐曼谷大使館和美國國務院東亞和太平洋事務局內部存在的所謂「權力真空」（vacuum of competence），這都影響了泰美聯盟的繼續維持。美方這種「權力真空」的現象，與中國大使館和外交部內部的專業工作人員形成了鮮明對比。北京指派有影響力的中共高階官員，其中大多數人能夠流利地講泰語並勝任其駐泰國的外交官職務。根據前美國駐泰國大使拉爾夫·博伊斯（Ralph L. Boyce）的說法，他們「出色地與華裔泰國人接觸」。中國對泰國採取日益成熟的外交策略，包括軟實力工具，例如「熊貓外交」——中國贈送大熊貓給泰國的動物園，並且廣受泰國人民熱烈歡迎。[63]

塔克辛總理是泰國轉向中國的關鍵人物。班納迪克·安德森寫道，「塔克辛得利於從上一個軍事政權下獲得幾乎壟斷性的手機特許經營權，成為泰國最富有的人之一。」在創立泰愛泰黨後，塔克辛「招攬了一批前左派成員」，他們「渴望成為領袖」。[64] 雖然最終，塔克辛造成了泰國的政治分裂並在政變中被罷黜，但在此之前，他優先加強與中國的關係，並策略性地調整泰國的戰略重心「從西向北」(從親美轉向親中)。

在塔克辛的統治下，中泰「雙方交往」變得更加全面性和具地緣戰略性，而這是以泰國與美國和台灣之間的互動作為代價的。當北京致力於建立外交、經濟和宣傳環境為這一「雙方交往」轉向時，塔克辛得到了日益得勢的泰國華裔族群支持，他們是組成泰愛泰黨的「重要群眾」。這些華裔泰人更加關注他們的華裔身分，而不是他們的「泰人」身分，因為泰國人接受了中國是「最重要」的說法。

在紀念中泰關係三十周年的活動上，塔克辛自豪地宣稱他的內閣成員中，中國人比泰國人還多。在北京的鼓勵和誘導下，塔克辛與中國發展了堅實的戰略關係，設計了一個新的區域架構，並以中國為中心排除了美國，同時在二〇〇三年簽署了前所未有的中泰貿易協議。他還任命親中的將軍查昭華利．永猜裕（Chavalit Yongchaiyudh）為國防部長，大幅增加與中國的軍售和交流。與此同時，中國政府在塔克辛執政時期開始與泰國共同進行軍事訓練演習，這是中國與東南亞國家的第一次軍事合作。65

塔克辛所謂對民主的承諾僅限於他自己對權力的掌控。他採納了「中國模式」的威權政府和「自由」經濟，而北京對他的安全政策也影響深遠。塔克辛最終「留下了泰國自一九五七年至一九六三年沙立元帥（Field Marshal Sarit）主政以來，最糟糕的人權紀錄」。塔克辛發動了一場毒品戰爭（war on drugs），導致至少二千五百人死亡，其中大多數是非法處決，而且許多人僅僅是他個人的政治對手或商業競爭對手。面對泰國南部持續不斷的伊斯蘭恐怖主義叛亂，泰國人早在二〇〇四年就開始諮詢中國有關內部安全問題，尤其是參考中國在中國西部關押維吾爾人的經驗。塔克辛對伊斯蘭叛亂分子的戰爭罪行做出了回應，並採取類似中國所使用的殘酷無比戰術，包括被迫消失、系統性酷刑、非法處決和任意拘留。總理個人甚至攻擊個別記者和新聞媒體，導致新聞自由的急遽墮落，這是在所有與中國友好的政權中都會出現的共同現象。66

在宣傳方面，北京在塔克辛統治時期大幅增加在泰國的中國媒體數量，影響了泰國以及範圍更大的周邊區域。中共的宣傳部與泰國媒體機構建立了密切關係，並資助泰國記者前往中國旅行，就像在許多其他國家一樣。英語發音的中國中央電視台在泰國變得非常受歡迎，並且提供了普通話廣播。《新華社》自一九七五年在曼谷運營以來，於二〇〇五年增加了英語報紙《中國日報》，並在當地建立了一個地區中心。此後不久，《人民日報》《光明日報》媒體集團和中國國際廣播電台也在泰國營運，泰國的新聞報導模式相應地發生了變化。例如，中國「新聞機構」經常宣傳中共對新疆和西藏「分裂主義者」的鎮壓報導，二〇〇四年一位由中國資助的泰國記者訪問西藏後，泰國媒體機構也開始報導類似的故事。67

除了中國國營媒體在泰國公然地干涉報導外，泰國媒體逐漸屈服於中國資金和影響力的誘惑。這種誘惑除了以直接方式提供，也以間接方式進行，並透過中國所屬相關企業運用所謂「胡蘿蔔加大棒」的脅迫手段。例如，遵循中國立場的泰國媒體，可獲得來自中國企業或廣告資金的挹注，而那些背道而馳的便得不到任何資源。68

泰國的「中國模式」

到了二十一世紀初，許多過去不常使用中國方言的華裔泰人，開始公開地使用普通話，而其他泰國人也努力學習普通話。在中國大使館和領事館的協助下，中國語言學校和協會不斷增加。為了支持中國快速擴展孔子學院的語言課程，北京向泰國派遣了數百名教授。最終，泰國的孔子學院數量遠遠超過其他所有東協國家孔子學院數量的總和。69

二〇〇六年九月十九日，泰國皇家陸軍在曼谷街頭發動政變，推翻了總理塔克辛；不過，中國模式已經深深植根於競爭激烈的泰國政治菁英們的心目中。人民民主聯盟（People's Alliance for Democracy）「黃衫軍」的領導階層，部分由一九七〇年代的毛派游擊隊領導幹部組成，他們崇拜中華人民共和國，對中國模式熱衷著迷；就像塔克辛泰愛泰黨的「紅衫軍」追隨者一樣。儘管北京當局對政變感到措手不及，但其評估後認為現代史上最緊密的泰國夥伴發生政變，對中國來說沒有什麼可擔心的。中國駐曼谷大使館建議北京當局，「中國在泰國的影響力因多種原因仍然強大」，包括「不斷增長的商業聯繫、文化連結、友好的外交關係以及日益增長的軍事合作項目」。[70]

根據前泰國外交部長卡西特·皮羅米亞（Kasit Piromya）的說法，中國在這個時候開始藉由「買通政府和政治領導階層」以及在進行影響力行動方面，展現出越來越高的影響力，例如為泰國企業提供顧問。卡西特表示：「許多中國學生來（泰國），是要影響泰國民眾的思想，並建立反美情緒。」他指出：「這在媒體上姑息各種中國影響力活動，並批評美國和西方行為的社論中四處可見。」[71]

美國的視而不見

在這個時期，唯一能夠對抗中國在泰國與日俱增影響力的國家就只有美國。隨著泰國政治光譜上的政治菁英們，雙手開始擁抱中國模式及其隱含的威權主義，美國領導層卻經常未能有效採取行動。

在過去二十年中，這種情況一再發生，美國準備不足，難以識別和對抗中共的政治作戰行動，且未能充分認識到快速變化的環境現實。二十年間的美國大使中，有兩位對泰國現況有著相當深入的了解，但另外三位則被認為「超出了他們的專業能力」。所有人都在政策上感到困惑，而敏感的維基解密文件洩露後，更進一步損害了兩國的互信。泰國國王——七十年來東南亞最忠實的美國盟友，其影響力已被支持中國的政黨派系所取代。[72]

在泰國二〇〇一年至二〇〇四年工作期間，駐泰大使張戴佑（Darryl N. Johnson）展現出對當地文化的深刻理解，但對中共不斷增長的實力和影響力卻表現出「令人驚訝且相當有限的理解程度」。此外，美國大使館關閉了在泰國北部和南部的領事館。負責反宣傳工作的美國新聞署，已於一九九七年關閉；而被派駐在美國大使館經驗豐富的泰國專家大幅減少。因此，美國大使館對泰國的看法變得「集中」且「狹隘」。拉爾夫・博伊斯大使在二〇〇五年至二〇〇七年間接替張戴佑擔任大使，他具有卓越的泰語能力，以及與泰國軍方、樞密院、商界領袖、學術界和各派系政治人物均有緊密的聯繫，但仍舊受到美國國務院的狹隘方針和缺乏深度的工作人員所限制。[73]

由於缺乏機構實力和無法專注於中華人民共和國快速升級的影響力，這種情況在克里斯蒂・肯妮（Kristie A. Kenney）於二〇一一年至二〇一四年擔任駐泰大使期間持續惡化下去。二〇一三年在夏威夷檀香山發表的一次演說中，她承認了聯盟中的「能量不足」，以及泰美關係將「永遠不會再回到以前的樣子」。[74]

當被問及將採取哪些措施來改善泰美關係時，她並未給出答案。肯妮對公共外交的願景可能受到泰國政治日益困擾的局勢所影響，但這樣的看法被認為是相對示弱。與此同時，她的中國對手在公開場合談論了價值一百二十五億美元的鐵路發展項目。在肯妮的任內，有影響力的泰國人得出結論，美國已經失去了在泰國「建立聯繫、遊說和推動一套複雜利益」的能力，而且不僅僅是在冷戰時期共享的安全利益。因此，美國與泰國的關係「在沒有良好協調或明確方向的情況下逐漸滑落」。[75]

小布希（George W. Bush）和巴拉克・歐巴馬兩位美國總統，在其任期內對泰國的關注程度不同。儘管小布希在二〇〇三年將泰國指定為「重要的非北約盟國」，歐巴馬在二〇一二年對該國進行了高度宣傳訪問，但他們的行動似乎仍然不夠。引起特別關注的問題是，歐巴馬於二〇一二年提出「重返亞洲」（pivot to Asia）（後來稱為「再平衡」〔rebalance〕）的政策。總統的舉措是對不斷變化的世界局勢的適當回應，尤其是在面對日益威脅的中國時。然而，泰國從未得到美國實質的安全、經濟或政治投資上的支持。事實上，是中國對歐巴馬的「不重返」(non-pivot) 做出了「重返」的回應。[76]

二〇一二年發生在另一個東南亞國家的重大事件，嚴重損害了泰國對美國與其盟友關係價值的看法。這是發生在二〇一二年四月至六月的黃岩島（Scarborough Shoal）事件。該島位於菲律賓蘇比克灣以西約一百九十三公里處，多個國家聲稱對其擁有主權，包括中國和菲律賓，但菲律賓在二〇一二年五月底實際控制了該地區。當發現中國漁船在該地區非法捕魚時，菲律賓政府做出了回應，最終導致了菲國與中國海事執法船和中國人民解放軍海軍爆發長時間的對峙。

中國還採取了經濟脅迫手段，減緩了菲律賓農產品進口至國內的速度，並大幅減少了允許前往菲律賓旅遊的中國遊客人數。在美國國務院斡旋下，中國和菲律賓達成協議同意同時撤離船隻，但中國對該協議立即視若無睹，並突然占領了黃岩島。菲律賓總統艾奎諾三世（Benigno Simeon Cojuangco Aquino III）前往華盛頓親自請求歐巴馬總統協助，但卻未獲得任何具體的支持承諾。[77] 中國未開一槍就從美國盟友手中奪走了對黃岩島的主權，所有東南亞國家都密切關注此事。

當時，策畫這次奪島行動的中國領導小組負責人，當時在西方還名不見經傳——他就是習近平。此時正是習近平最需要政治合法性的時候，而這一事件讓他成為國內的大英雄。美國此次的默許成為一個重要的轉捩點，對於習近平和其恢復中國領土的主張，及瓦解長期遏制中國擴張主義的聯盟而言，這是真正的「重返榮耀」。儘管歐巴馬政府淡化了黃岩島事件，將其視為一個不重要的漁業糾紛，但中國學者認識到習近平提出的範本（template），對於摧毀美國的盟友體系並破壞協議的信心具有重大意義，故稱其為「黃岩島模式」（Scarborough Model）。[78] 之後，我在泰國皇家軍事學院和泰國國立法政大學共事的高階泰國文職和軍事官員中，有許多人本來都支持美國，但他們都稱黃岩島模式是泰國必須專注於改善與北京關係的有力理由，並因此遠離不值得信賴的華盛頓。[79]

美國外交官無法或不願意關注中國在泰國的政治作戰行動，這種情況在二〇一四年十一月肯妮離職後仍然持續存在。一位後來的美國代辦官員在接受我的訪談時自信地宣稱，中國在泰國的政治作戰行動並「不是問題」，他還說美國真正的威脅是「俄羅斯的政治干預」。[80]

二〇一四年政變及另一次巨大轉變

泰國繼續穩步轉進中國不斷擴大的傳統勢力範圍中，且未有任何減緩遠離美國步伐的趨勢。這一轉變在塔克辛之後的五位總理的統治下持續不變，包括塔克辛的妹妹盈拉·欽那瓦（Yingluck Shinawatra）、軍方領袖和主要反對黨成員。

二〇一二年，泰國人民民主聯盟抵制政府時，通常會附和中國的反美宣傳，聲稱美國試圖推翻泰國王室，希望「製造動盪，以便設立美軍軍事基地以阻止中國的影響力」，同時指控美軍研發了可以引起自然災害的太空武器，這迫使解放軍「與其泰國對口單位進行對話」。[81]

或許是巧合，中共的官方報紙《人民日報》於二〇一二年在泰國發行了首份「海外版」。該報社的啟用儀式隆重舉行，在曼谷盛大舉辦的報紙首發活動，吸引了來自泰國和中國學術界、商界、文化界與政界共三百多名代表參加。[82]

二〇一三年，泰國的民主黨（Democrat Party）似乎不願在人民民主聯盟抵制政府、提出反美指控上相形見絀，因此仿效中國的宣傳內容對美國進行攻擊。該黨指責美國與泰國政府官員合謀，在交換更有利的貿易協議條件下，同意美國可以在泰國建立海軍基地。這發生在泰國和中國完成首次中泰戰略對話的那年。在那一年，泰國繼續代表北京的利益行事，例如充當北京代理人干預東協，將「南海爭端」與更廣泛的「東協—中國關係」分開。此外，泰國對高速鐵路和其他有利於中華人民共和國「一帶一路」倡議的計畫，如克拉運河概念，表現出越來越大的參與熱情。[83] 在二〇一四年三月的泰國國會選舉中，國會席位中有七八％由華裔泰人當選，儘管華裔人口僅占泰國總人口的一四％。[84]

二〇一四年五月七日，在連續數個月的大規模抗議、暴力事件、政治和法律操縱之後，泰國總理盈拉被泰國憲法法院認定有違法行為，因而被解除總理職務。一周後，泰國皇家武裝部隊宣布實行戒嚴。在泰國皇家陸軍總司令帕拉育·詹歐查（Prayuth Chan-ocha）將軍未能與立法者就結束曼谷長期存在的暴力和示威活動達成協議之後，帕拉育於五月二十二日發動政變。與二〇〇六年不同，這一次是美國大使館措手不及。隨後，泰國和美國政客和外交官的協商失敗，導致泰國和美國之間出現嚴重的裂痕；這對中國來說，無疑是重大的地緣政治勝利。[85]

當美國如泰國軍政府領袖所預料的，根據其法律和外交傳統譴責泰國政變時，美國的反應卻顯得相當不熟練和沒經驗。根據一位美國國務院官員的說法，這種業餘水準的回應

「讓我們最親近的朋友——那些在過去三十年、四十年中一直是美國在泰國的支持者，感到震驚。」相反地，中國駐泰國大使在六月初會見了政變領袖，並向他們保證中國會與泰國新政府維持良好關係的承諾。而帕拉育在五月二十二日成為總理後，發表一次公開演講表示，他會對與中國發展「各層面的戰略夥伴關係」做出承諾。[86]

正如泰國國立法政大學蒂提南・蓬蘇迪拉（Thitinan Pongsudhirak）教授，在他的一份報告中指出的那樣，「二〇一四年華盛頓方面的強硬反應是如此引人注目，以至於北京當局對政變者更加支持。」隨著西方對軍政府的批評匯聚了高聲量與憤怒，泰國的高官轉而尋求並獲得來自北京的幫助。[87]無論是事實還是被構陷的，中國繼續利用泰國政變和美國的失誤，促使軍政府加速與北京的貿易和其他聯繫。帕拉育總理堅定地表示，「泰國仍然像往常一樣致力於與中國『各層面』的戰略合作夥伴關係。」[88]泰國的公民組織和其他組織也紛紛響應，不僅支持北京的論述，更譴責美國的「殖民主義」和對政變的反應。[89]

二〇一四年十一月駐泰大使肯妮卸任後，美國花了將近一年的時間才找到她的接替者。歐巴馬政府未能在如此關鍵的時刻，滿足立刻派任大使的最基本要求，令泰國和中國對美國政府的無能印象深刻。而自二〇一四年政變以來，中泰雙方在政治、經濟、軍事和安全、教育以及文化等各個領域的互動大幅增加。

到二〇一七年，中華人民共和國的政治作戰和其他行動，在泰國產生了一個在冷戰高峰期無法想像的結果：大多數泰國軍官認為：「中華人民共和國，而非美國，是泰國最有用、最可靠的盟友。」這一發現具有重大意義。自一九三二年以來的現代泰國政體中，軍隊一直是統治的核心支柱，並且常常是政府中最重要的政治角色。由於與美國軍方的密切合作關係，包括使用共同的準則、武器和裝備，加上在美國的密集訓練，泰國軍隊也一直是泰國政府中最親美的派系之一。

根據美國國防部委託澳洲國立大學（Australian National University）歷時三年進行的一份研究報告中，對大約一千八百名泰國軍官和國防官員進行調查，報告內容顯示泰國對美國和中國的看法出現驚人轉變。雖然泰國軍方「仍然高度依賴美國來維護安全」，並傾向使用英語和美國軍事準則和程序，但中國在影響力和被認知的實力方面已經超過美國。報告還指出，「泰國的歷史記憶中遺忘了美國在冷戰期間的保護和慷慨解囊，並淡化了過去敵對的中泰關係，當時中國曾積極支持泰國共產黨武裝叛亂分子。」同樣令人擔憂的是，儘管這些泰國官員對「中國不斷增強的軍事能力」感到不安，並認為「美國的安全保證仍對泰國很重要」，但他們對美國存在重大疑慮。這些調查結果鮮明地證明：中國政治作戰的影響力以及美國和泰國未能妥善應對的失敗，造成受訪者認為美國構成的軍事威脅大於任何其他大國，包括中國。[90]

泰國總理帕拉育在二〇一八年六月接受《時代》（*TIME*）雜誌採訪時，確認了泰國與中國和美國關係的巨大變化。他說：「泰國和中國之間的友誼已有數千年的歷史，與美國大約有二百年的歷史。中國是泰國的頭號夥伴，其他國家排在第二和第三位，例如美國和其他國家。」[91]

根據泰國前外交部長卡西特的說法，泰國以其竹子外交自豪，平衡外國關係並「隨風而動」。他說，「現在，強勁的風正從北京吹來。」[92]

第六章

中國成功滲透泰國的目標、策略與戰術

美帝必敗！
這張 1965 年的海報反映了中華人民共和國在東南亞和全球廣泛使用的宣傳主題：美國捍衛其朋友和盟邦被視為「帝國主義」，且必須被擊敗。

以下分析是對當前中國對泰國發起的政治作戰行動的詳細檢驗，包括其目標、目的、戰略、戰術和主題。其中大部分基於我與現任、前任泰國官員，以及學者和記者間的廣泛討論，當中很多人同意接受採訪，但要求不透露姓名或職位。每位受訪者都回答了一系列問題，他們的答案摘要如下。此分析還基於對許多文件、書籍和報告的檢驗，這些文件、書籍和報告將在本文中引用；更基於我在泰國國立法政大學、泰國皇家陸軍學院和泰國皇家海軍學院工作了六年多的時間所獲得的經驗。

中國對泰國進行政治作戰的目標和策略

中國主要的政治作戰目標是確保泰國政府成為一個順從、可信賴和支持的盟友。[1] 其策略包括如下：

- 運用傳統的統戰行動、聯絡工作和其他政治作戰工具，必要時配合使用暴力、經濟脅迫、軍事威嚇和外交。
- 在所有方面與泰國進行全面性交往，包括經濟、政治、外交、軍事、王室成員以及其在東南亞國家協會的成員國，以便任何一個領域的衰退都能被其他領域的增長所彌補。

- 利用強調歷史上的種族、意識形態、貿易和安全聯繫的主題，並強調「中國的勝利勢不可擋」，建議加入中國陣營是最佳的選擇。因為中國現在處於最強大的位置，而美國正在變得越來越弱、越來越無關緊要和不可靠。
- 鼓勵泰國的統治者採用基於中國模式的專制治理，包括抵制「腐敗的西方理念」，如民主、新聞自由和言論自由。
- 透過增加軍事參與和軍售，使美國的軍事存在變得無關緊要，並說服泰國支持中國的努力，以推動美國退出泰國地區。[2]

中國在泰國政治作戰的預期結果

讓泰國本質上成為一個附屬國，完全符合中國的戰略目標，並支持中國在東協、南海和其他議題上的外交、安全和經濟目標。具體來說，中國力求確保以下幾項工作重點：

- 泰國在有爭議的問題上提供支持或保持中立，例如中國針對國際對其在新冠肺炎大流行期間引起的憤怒所做的宣傳活動；在印度洋、東海和南海的爭端；以及其遵守中國的「一國兩制」政策，該政策呼籲吞併台灣並控制西藏和香港。另外，還有關於中國在湄公河上游和區域進行一帶一路的合法性。
- 泰國充當中國的「代理人」並協助中國進行政治作戰行動。即使泰國的直接支持不可行，那麼至少讓泰國不會進行抵抗或干涉。
- 使泰國與美國的聯盟完全分裂。[3]
- 泰國支持中國在泰國地區內取得無可挑戰的政治、軍事、經濟、外交和文化主導地位。

中國在泰國政治作戰的主題和對象

中國主要政治作戰主題包括以下內容：

- 中國對泰國來說不是威脅和競爭者，而是經濟成長的夥伴。
- 中泰兩國人民不僅是朋友，更是兩國一家親。

- 中國是強大的，同時美國已衰弱且靠不住。
- 「亞洲是亞洲人的」。以中國為例，古老的西方價值觀並不適用於亞洲地區。[4]
- 泰國應採用「中國模式」的政治和經濟政策作為「泰國模式」。

中國在泰國的主要滲透對象，包括國家和地方民選官員、與北京關係密切的王室成員、高階軍事官員、樞密院以及華裔泰人菁英。二級受眾包括有影響力的記者、社群媒體使用者以及學者，而三級受眾則包括學生和一般泰國公民。有趣的是，儘管佛教在泰國影響力很大，但中國似乎不太重視宗教領袖。

中國對泰國政治作戰的工具、戰術、技巧和程序

中國專家馬蒂斯指出，「中國使用許多行動來影響和形塑世界，並利用一切國家力量來實現這一目標。外交和經濟工具至少與統一戰線工作以及宣傳一樣重要。」[5] 這是一種採用主動手段，如暴力和其他形式的強制性、破壞性攻擊的總體戰形式。

以下是中國用來塑造泰國某些政治軍事活動的簡要概述。這些例子旨在證明，即使對

中國有相當好感的國家，中國仍然定期對其進行政治作戰行動。在泰國，其結果與世界上許多國家類似：泰國政府經常屈從於中國對各個領域的要求、泰國學者避免討論中國認為敏感的話題、泰國學生受到言論自由的威脅、泰國媒體和學者則會進行自我審查、泰國商界和有影響力的機構會噤聲以討好中國，以及逾七千萬泰國公民每天都受到由中共經營的網路、電視、出版品和廣播媒體傳播等宣傳活動的包圍灌輸。

審查制度

根據法國國際關係研究所（French Institute of International Relations）的蘇菲・迪羅謝（Sophie Boisseau du Rocher）報導，泰國政府被廣泛認為願意代表中華人民共和國進行審查，其中包括支持中華人民共和國對於新冠肺炎大流行的描述。迪羅謝擔憂地寫道，「來自民間社會對政府的憤怒聲音，指責政府未採取強而有力的措施來對抗病毒（部分原因是為了不冒犯中國）的擔憂，這些聲音可能會因『顛覆』罪名而被送入監獄，或者因陰謀或煽動的指控而遭受打壓性的起訴。」[6]她還指出，為了支持中華人民共和國的宣傳運動，試圖歸咎於中國以外的國家導致新冠肺炎大流行，「泰國首先指責『骯髒的高加索人種遊客』

感染泰國，因為他們不洗澡且不戴口罩。」[7]

泰國政府在支持中國方面的審查行為，也體現在一系列廣泛的舉動中，包括二〇一六年十月拘留和驅逐香港民運人士黃之鋒，以及總理帕拉育威脅要禁止二〇一六年中港合資電影《湄公河行動》的上映。該電影描述了一起涉及中國地下組織和泰國軍隊因走私毒品而起的屠殺事件，其中包含可能冒犯中國或泰國軍政府的場景。

泰國可能已經仿效中國對言論自由的審查和限制，透過網路的「單一門戶」（類似中國的「金盾工程」，俗稱「防火長城」），以及針對報導會惹惱政府議題的記者及相關人等的再教育營，並迫使記者們自我審查。[8] 某些出版物，如《曼谷郵報》（*The Bangkok Post*），在涉及中國方面仍保有一些編輯自由，但這種寬容度似乎正在消失。

學者經常進行自我審查，因為他們經常受到來自行政部門和其他教職人員，以及中國和華裔泰人的壓力。[9] 中國駐曼谷大使館毫不猶豫地試圖審查來自現任或前任泰國高階官員的批評。例如，二〇一七年十月，泰國前外交部長在台灣發表有關中國地區統治前景的演講後，中國大使館猛烈抨擊泰國外交部，迫使其噤聲。[10]

恐嚇

中國特工和代表中華人民共和國行事的人，悄悄地恐嚇泰國學者和其他公民，然後迫使他們成為事實上的中國影響力代理人。我觀察到的一個公開例子是，二〇一六年六月在法政大學舉行的一次論壇上，華僑崇聖大學（Huachiew Chalermprakiet University）的一位資深法學教授情緒激動地堅決主張，泰國必須支持中國宣稱對南海大部分地區擁有主權。該教授的論據是，中國代表告訴他們，如果泰國不支持中國在南海的立場，中國可能會宣稱泰國灣為其「核心利益」，因為中國自古就在該地區存在。

其他泰國學者表示，中國的學者曾告訴他們，泰國必須支持中國在泰國的克拉地峽興建克拉運河，因為這對中國的貿易和安全至關重要，並為中國提供一種懲罰新加坡的方式，因為新加坡未能支持中國的立場。這些泰國學者理解這樣的論述意味著，如果泰國未能支持中國的政策和行動，中國可能對泰國實施類似的懲罰。[11]

拘留、驅逐和綁架

據報導，泰國政府參與將中國異議人士列入黑名單、驅逐和協助綁架等積極手段行動。[12]例如，泰國曾應中國要求，於二〇一六年十月將香港民運人士黃之鋒拘留並驅逐出泰國，當時黃之鋒應邀在曼谷朱拉隆功大學（Chulalongkorn University）演講。被驅逐出境兩天後，泰國當局允許黃之鋒與朱拉隆功大學的觀眾利用Skype進行通話，但前提是他必須同意不在通話中批評中國；當黃之鋒通話時，武裝警察在擠滿學生的房間內以確保他遵守規定。[13]其他例子包括一位香港異議書商，也是入籍瑞典的公民，曾在泰國被綁架並帶到中國接受審判；以及烏魯木齊維吾爾人們被強制遣返中國，並引起國際特赦組織的譴責。[14]關於這位書商，據報導是中國從同一家書店中綁架的五個人之一，「人權觀察」（Human Rights Watch）評論道，「中國明目張膽在泰國和香港綁架人，並明顯有泰國政府配合，這種跡象令人十分擔憂。」

如今，泰國許多批評中國的人都相信「到處都有中國特工」，並認為他們自身並不安全。這顯示了中國在心理戰中取得了非常重要的勝利，因為它傳達出強烈的訊息：「如果你讓我們不悅，泰國與我們同一陣線，我們可以隨時隨地找到你。」[15]

賄賂、敲詐和勒索

二〇一七年，泰國斥資十二億美元購買一艘中國海軍製造的元級 S26T 潛艇，有關腐敗的指控問題經常出現在社交媒體和新聞媒體上，並在我與各種消息來源間的私下對話中提及。[16] 雖然有大量關於賄賂、勒索和敲詐作為中國政治作戰行動的使用工具，並對泰國造成顯著影響的軼事證據，但出於眾多原因考量，這些資訊在本書中並未採用。這些原因包括隱私問題、泰國憲法嚴格的第四十四條、冒犯皇室（侮辱統治者、叛國）以及其他法律的法律後果；這些法律曾用來起訴記者、研究人員和公民。

新聞媒體：拉攏、操縱和所有權

中國在泰文、中文和英文新聞媒體的內容和觀點方面占據了日益重要的地位，被稱為「泰國新聞的中國化」。中國在新冠肺炎大流行之前就占據了新聞主導地位，正如一家新聞媒體報導的那樣，「泰國媒體正在將大部分冠狀病毒報導外包給北京。」[17] 二〇一九年，中國新聞媒體擴大了在泰國的既有影響力，這一年被泰國政府命名為「東協與中國媒體交流年」。自那以後，中國「已經在泰語新聞領域取得巨大進展，並開始出現在泰國英文報紙上」。泰國至少有十二家最受歡迎的新聞機構，免費提供了六十至一百篇由中國《新華社》編譯成泰語的文章，讀者通常沒有意識到這些文章是由中國提供的。更有影響力的是，泰國的《新華社》臉書（Facebook）頁面擁有七千萬名追蹤者。[18]

泰國新聞媒體人員經常可以免費前往中國，這項計畫與中國在其他國家大使館所進行的計畫沒有什麼不同。在培養泰國記者和編輯人員的同時，中國宣傳機構購買了報紙版面，主題諸如中泰友誼、加深兩國基礎設施和軍事合作，以及中國旅遊和投資在泰國日益重要等主題。中國大使館也向泰國媒體機構提供資助，條件是受助者須參加對中國重要主題的研討會和培訓。

舉例來說，二〇一八年十月，泰國《民族報》（*The Nation*）以附錄形式刊登《中國日報》的周刊版報導，封面標題為〈抵制來自美國的風險：不當的美國作法升級了與中國貿易的緊張關係，對亞洲的健康增長帶來不確定性〉。這份三十一頁的附錄中充斥反美文章，標題包括「北京宣布捍衛貿易舉措」「前美國特使表示：關稅有害」「美國徵收關稅挑戰全球商業」「雅克（Jacques）表示美國正在回到過去」，以及「美國零售商為不確定的未來做好準備」。除了這些大量的宣傳內容，附錄中還包含了關於中國藝術、文化和餐飲的輕鬆花絮。[19]

同一期的《民族報》還刊登了一整篇滿版報導，標題為〈川普的「干預」言論助長中國的貿易論述〉，這篇文章原先是幾天前在美國《華爾街日報》上發表的。文章指出：「川普總統聲稱中國干預美國期中選舉，但沒有提供證據，這不僅升級了雙邊關係的緊張，還為中共高階成員提供了強而有力的支持，他們說川普的真正目的是阻止中國崛起為全球強國。」[20] 泰國《民族報》的「觀點分析」版面還刊登一篇四分之一版面的文章，標題為〈別人說什麼〉，內容是「美國的單方面貿易政策可能會減緩經濟增長」。然而不出所料，這篇文章的訊息來源是《中國日報》。[21]

中國駐曼谷大使館，以及其駐清邁、宋卡（Songkhla）和孔敬（Khon Kaen）等城市的總領事館，在過去十年中開展了日益複雜的媒體公關活動，採取直接行動來說服或懲罰那些不聽從中國路線的媒體。例如，中國大使館官員經常聯繫泰國新聞委員會（National Press Council of Thailand）和泰國記者協會（Thai Journalists Association），敦促泰國記者必須按照中國希望的方式報導某些主題，例如：發表讚揚泰國或批評中國敵人的報導。不過，自二〇一八年以來，中國大使館改變策略，在與泰國媒體的接觸中改採較為溫和的方式。儘管仍要求泰國記者遵循中國的論述，但中國大使館已建立一個形式上與美國大使館類似的正式公共事務部門，並開始無條件提供資助。其中一項專注於中國社會和文化的補助金額已超過一百萬泰銖（約新台幣八十九萬元），並允許受助者選擇要報導的主題和訪問城市。[22]

諷刺的是，中國國營廣播電台——中國國際廣播電台，自一九五〇年首次針對泰國政府和美國進行宣傳活動以來，仍然以泰語進行廣播。然而，該電台現在致力於「向泰國人介紹中國和世界」，以及「促進中國人和泰國人之間的理解和友誼」。目前它的新聞報導節目是與一些泰國教育機構的廣播站合作，包括著名的朱拉隆功大學、納黎萱大學（Naresuan University）和瑪哈沙拉堪大學（Mahasarakham University）等教育機構。[23]

關於透過資金和廣告進行的媒體操控，中國自由地向某些組織捐贈資金，如泰國記者協會。還有明確的跡象顯示，與中國有關聯的商業利益團體利用廣告資金作為「胡蘿蔔加大棒」的手段，以確保泰語和其他的媒體中不會出現對中國的批評。據報導，與中國商業和政府組織有著深厚關係的主要泰國商業集團的策略中，包括提供廣告投資以投放宣傳中國論述的新聞媒體，並威脅要從不支持中國自我審查的媒體中撤回廣告。[24]

二〇一六年，中國的電玩遊戲龍頭騰訊公司併購了Sanook.com，它是泰國最大的新聞和娛樂網站之一。儘管該網站的報導內容仍然以泰國為主要導向，並且沒有明顯聚焦在改變泰國對中國的看法，但它的新聞報導通常會避免任何可能被認為是「反華」的內容。[25]

相反地，一些泰國媒體機構明顯隸屬於中華人民共和國。一個熱門網站 Thaizhonghua.com，是泰國中華網（Thaizhonghua）的媒體平台，該網站的大多數文章是由泰國中華網編輯部和其母公司《中國日報》發布的，後者是泰國最大的中文報紙。根據泰國中華網的說法，《中國日報》與中國國營的《新華社》《中國新聞社》，以及泰國主流新聞媒體機構建立了長期的合作關係。[26]

以教育和文化課程為主的宣傳和心理戰

中國也將教育作為影響泰國的重要武器。雖然孔子學院、中國學生學者聯合會（Chinese Students and Scholars Association，簡稱ＣＳＳＡ）和中國文化中心是這些教育工作的主要工具，但也應該注意到，自二〇一四年泰國政變以來，中泰軍事教育計畫已取得顯著擴展，這都將對未來幾代泰國軍事領導人的態度和認知框架產生巨大影響，其中一些人將無可避免地繼續領導這個國家。[27]

孔子學院的設立是為了促進中國文化和語言在世界各地傳播，而這些最終都是政治作戰運用的工具。泰國共設立了二十六所孔子學院，是亞洲國家之最，其總數也超過所有東協國家孔子學院的總和。一些報導稱，自該計畫於二〇〇六年在泰國啟動以來，已有超過七千名志工，其資金是來自中國政府機構——漢辦（全稱為國家對外漢語教學領導小組辦公室，即孔子學院總部）*。據美國智庫研究報告指出，該計畫限制了中國認為敏感話題的討論，例如一九八九年天安門廣場大屠殺或西藏當前的政治情況。中國利用孔子學院向學生和教授灌輸親中觀點，塑造泰國未來領導人的思想。此外，該課程被設定為「暗中影響公眾輿論和傳授半真半假的消息，旨在以最有利的方式呈現中國歷史、政府或官方政策」。[28]

孔子學院的語言課程在泰國很受歡迎，但獎學金是該計畫的主要吸引力。每年許多泰國學生透過泰國孔子學院向中國「國家留學基金會委員會」申請獎學金，以便他們能夠到中國學習。因此，泰國派遣留學生到中國的數量在所有國家中名列前茅。中國每年也對數百名泰國教育官員提供資助，讓他們到中國進行課堂觀摩和訪問。因此，這些學生和官員

* 編按：二〇二〇年七月，中國已將孔子學院總部更名為「中外語言交流合作中心」，對外也不再使用「漢辦」的名稱。

帶著中華人民共和國的教義和觀點回到泰國，此種作法是非常有效的宣傳。[29]

孔子學院還在泰國各地贊助了各種活動，例如二〇一八年十月在清邁大學（Chiang Mai University）舉辦的中國文化節，來自清邁地區十六所學校的學生參與了這項活動，其中包括：時事問答、書法課，以及與中國語言和文化相關的團體表演比賽。[30]

根據《環球時報》和美國之音（Voice of America，VOA）報導，二〇一六年至二〇一七年約有三萬名中國學生在泰國念書，這一數字是二〇一二年入學人數的兩倍。[31] 這些學生被視為「中國軟實力的延伸」，通常都是中國學生學者聯合會的成員，該組織是管理在中國境外就讀外國學院、大學和其他教育機構的中國學生和學者的機構。許多各地的中國學生學者聯合會都存在爭議，因為它們與中國大使館之間有著明顯的資金和權力關係。

根據《紐約時報》（*New York Times*）和《外交政策》雜誌進行的調查發現，中國領事官員「定期與CSSA溝通，按地區劃分小組，並為每個地區分配一名大使館聯絡人，負責傳遞安全訊息——以及偶爾的政治指令——給小組主席們」。此外，一些中國學生學者聯合會「根據意識形態明確審查其成員，排除那些持不同觀點的人」以符合中共核心利益。中國學生學者聯合會也會施加直接的政治壓力，例如，在美國留學的中國學生被告知，即將參加CSSA選舉的中共黨員候選人將「受到優先考慮」。[32]

中國學生學者聯合會還與北京合作，推動親中議程並打壓西方校園中的反華言論。[33]這些組織會對有關中國人權侵犯的演講進行抗議，騷擾對西藏主權和中國對東突厥斯坦維吾爾人的鎮壓等問題發表立場的演講者和同學，並試圖審查有關中國與香港關係論壇上的評論。[34]在某些情況下，CSSA和其他中國學生團體的成員，甚至被指控為北京從事間諜活動。[35]有證據證明，這些組織在泰國的運作方式也非常相似。[36]

最後，在泰國出現越來越多由中國政府和中國商業團體支持的泰中文化中心。中國文化中心於二〇一二年由中華人民共和國在曼谷成立，是東南亞地區的第一家。這些中心主要舉辦提升泰國對中國的文化欣賞活動。[37]儘管慶祝文化本身並沒有什麼不對，但經驗顯示，這類機構經常被用來支持更大力度的中國政治作戰和影響力行動，而這些行動有損其所在國家的利益。

高層訪問、會議和間諜

如前所述，中國和泰國官員之間的高層互訪在今日很常見，自二〇一四年五月以來，互訪頻率大幅增加。這些場合包括：泰國總理帕拉育訪問北京與中國國家主席習近平訪問曼谷，以及許多泰國高級官員定期訪問中國。這些訪問還擴展到其他雙邊關係，幾乎包括了所有泰國和中國各部門的內閣官員、企業和銀行負責人、教育工作者和新聞工作者。

當然可以說，這只是正常的外交活動，不一定是政治作戰。然而，這些類型的訪問是統戰工作的核心，並且在北京被視為在泰國運用政治作戰成功的指標。訪問者經常呼籲共同的經濟利益以及兩國人民間的共同文化和親情聯繫。例如，根據泰國華文報紙《世界日報》報導，在二〇一八年十一月，中國全國人大常委會副主任張春賢訪問泰國期間，強調泰國將從一帶一路中獲得的「實際利益」，並「鼓勵海外華人利用『距離優勢』與中華人民共和國加緊合作」。38

此外，當中國外交部長王毅於二〇一九年二月在清邁與泰國外交部長董恩．帕瑪威奈（Don Pramudwinai）進行「戰略磋商」時，王毅表示「中國和泰國是全面戰略合作夥伴」，可以「密切戰略溝通，加強戰略合作，攜手為『該』地區和平穩定與發展做出積極貢獻」。他還表示，「中國願意攜手泰國推動『一帶一路』與東協的連接總體計畫，促進區域連通性和可持續發展，成功舉辦中國東協媒體交流年，提升國防和安全合作水準，推動中國東協關係和東亞合作的發展，並取得更大的進展。」在這些戰略磋商中，王毅邀請泰國總理帕拉育參加在北京舉行的第二屆國際合作高峰論壇，表示他希望帕拉育的訪問「將為兩國進一步推動互利互惠的友好合作提供機會」。[39]

同樣地，在泰國主要教育機構和大學舉行的會議和其他論壇中，時常會看見中國的積極參與和觀點。通常，中國會有一支龐大的官方隊伍，很少或根本沒有美國或其他反對派的聲音被邀請參加。一個名為「中國現代國際關係研究院」的智庫，會資助、協調和參與各種此類軍事和學術會議以及其他論壇和交流。[40]然而，這個智庫實際上是中華人民共和國國家安全部的一個分支，國家安全部是中國主要的間諜組織之一，以其對全球性進行的假訊息和情報行動，以及其他合法研究和分析而聞名。[41]

網路滲透和社交媒體使用

除了一些例外，通常泰國社交媒體不是親中的，因此如果讀懂泰語，通常很容易辨別中國贊助的「網路大軍」的帖子。一些部落客付費發表的文章常被廣泛閱讀，旨在改變對中國的負面看法。由於在社交媒體上抱怨中國遊客是一個主要議題，因此建議的帖子主題通常類似「中國人總是視泰國人為朋友，所以泰國人也應該這樣做」或「泰國人應該了解中國人的心理：中國人以前很窮，所以我們應該理解他們現在的行為方式」。[42]

一些在泰國頗受歡迎的網站和部落格，例如「新東方展望」(New Eastern Outlook)，據報導是由俄羅斯贊助的，但包含親中的宣傳主題和訊息。還有一些證據顯示，與中國結盟的「五毛黨」或「五毛網軍」，是由中國付費的線上評論員組成，他們受僱操縱輿論並攻擊中國的批評者和其他目標。在中共的支持下，他們確實試圖影響泰國輿論；然而，就目前而言，這些評論員並沒有被認為具有強大的影響力，因為他們的評論往往寫得很糟糕，而且「措辭幼稚」。[43]

有時，中國極端民族主義的網路酸民（trolls），被戲稱為「小粉紅」，他們會以一種引起泰國網民反彈的方式來影響泰國。二〇二〇年四月，一名泰國演員對推特（Twitter，現已改名X）上一張將香港列為國家的照片「按讚」後，中國小粉紅們淹沒了他的社交媒體平台；最終，該演員為自己「談論香港時不夠謹慎」而道歉。但中國網友在《環球時報》等大型宣傳媒體的幫助下，持續攻擊這位演員和他的女友，並挖掘出其他涉嫌違法行為。就在那時，泰國人開始在網路上反擊，這場惡搞活動最終失敗了。[44]

第七章

頑強抵抗的民主之島：中國對台灣的政治作戰概述

我們一定要解放台灣。

儘管中華人民共和國原訂於1950年入侵台灣的計畫，因介入韓戰而失敗。但這張1977年的宣傳海報支持了北京針對台北和華盛頓的心理戰，顯示中共不放棄以武力奪取台灣的決心。直至今日，統一台灣仍然是中國政治作戰的主要目標。

以下是對台灣與中國關係的概述，將有助於理解中國對台灣主權主張的論述基礎，以及針對這個島國的政治作戰行動為何有其必要性。相較於中泰關係，位於中國大陸的中華人民共和國與在台灣的中華民國之間的兩岸關係，在學術文獻資料上已有廣泛的討論，因此本章結構略不同於第五章，提供較少的歷史背景，更專注於「中華人民共和國——台灣—中華民國」爭議關係的特定觀點，以及政治作戰在這種關係下的角色為何。

石明凱和蕭良其的研究中，將台灣視為中華人民共和國政治作戰的主要目標。中國針對台灣的政治作戰行動中，認為戰爭仍然是中華人民共和國摧毀中華民國，並將台灣與共產主義中國「統一」的主要手段。中共表示，台灣的民主政府制度「對中國共產黨的政治權威構成了生存挑戰」。此外，北京尋求「在『一國兩制』原則下，使中華民國在政治上服從於中華人民共和國」。[1] 中共對中國內戰期望的最終解決方案，包括摧毀中華民國這個政治實體，並將台灣併入中華人民共和國的一省。北京希望贏得這場內戰的最後勝利，而不必使用純軍事力量，儘管中華人民共和國主席習近平已明確表示，如果認為有必要，他將動用武力。

從兩岸關係解讀台灣的政治地位

第三章詳細介紹了中共政治作戰行動的歷史概況，其行動中大量聚焦於中華民國和台灣，因此本章將聚焦在當前台灣政治實體的主權問題上。重要的是要審視台灣與最終繼承中國地位者的關係——中華民國（台灣）與一九四九年中華人民共和國成立後的對峙，以及共產黨與國民黨間的長期內戰。

中國對台灣持續不斷進行政治作戰的原因顯而易見。從一九二〇年代到一九四九年，毛澤東領導的共產黨與蔣介石領導的國民黨爭奪中國的控制權。中共最終取得了勝利，將國民黨領導的中華民國政府從大陸趕到了台灣。毛澤東和共產黨隨後建立了中華人民共和國，並聲稱其對定義不斷演變的整個「中國」擁有主權，其中包括台灣。然而，由於國民黨從未投降，中國內戰在技術上從未結束，儘管中華民國不再聲稱統治全中國，但它仍然主張在台灣的主權國家地位。[2]

在美國的支持下，中華民國已經從獨裁政府演變成充滿活力的民主政府。與此同時，中華人民共和國迅速在中國大陸建立了殘暴的獨裁政權，造成數百萬中國人民的死亡，並在世界各地引發了惡名昭彰的叛亂和內戰。隨著時間的推移，它漸漸演變成一個在經濟和軍事方面強大的極權國家，擁有高度精明的政治作戰行動組織。

中華人民共和國合法性的核心是其「一個中國」原則。中華人民共和國對此原則的簡單定義是：「世界上只有一個中國，台灣是中國的一部分，中華人民共和國政府是代表全中國的唯一合法政府。」[3]中華人民共和國的整體實力日益增強，迫使國際社會接受其對「一個中國」的定義，並默認（即使不是完全支持）中華人民共和國的政策和目標。

由於大多數國家現在承認中華人民共和國是中國的合法政府，中華民國在外交上日益孤立。[4]然而，台灣持續抵制中華人民共和國試圖說服或強迫其放棄獨立地位、並成為中國一省的努力，也繼續在國際上爭取獲得其生存所需的支持。台灣不輕易屈服於北京壓力的歷史原因，包括其與中國帝國統治者數千年來的有限聯繫，以及和日本的緊密關係；這是由於作為東京的第一個殖民地、為時半個世紀所打下的基礎，以及對中共壓迫性本質的清楚認知。近年來，原因還包括「台灣本土化」的趨勢，因為現在大多數台灣居民更傾向視自己為台灣人，而非中國人。[5]

這些因素在過去七十多年間深刻地塑造了台灣的政治面貌。特別值得一提的是國民黨對台灣民眾的血腥鎮壓，包括一九四七年二月二十八日國民黨軍隊對數萬名平民的大屠殺。當時《紐約時報》一篇文章引用了一位目擊者的描述稱，「大陸的軍隊於三月七日抵達台灣，展開了三天的肆意殺戮和搶劫。有一段時間，所有出現在街上的人都被射殺，甚至闖入民眾住家並且射殺居民。在較貧困的地區，據說街道上堆滿了屍體，也有斬首和毀屍的案例，並有婦女遭受強暴。」[6] 國民黨的殘酷鎮壓並未就此結束。直到今天，這一歷史事件*及其根本原因引起了台灣人對有關台灣被併入中國主張的強烈反感。[7]

兩年後的一九四九年，中華民國政府撤退到台灣，蔣中正暫停實施國家憲法，並排除台灣人民參與基層職位之外的政府公職。國民黨試圖透過強制推展中國大陸的價值觀、歷史和語言，來取代台灣人的價值觀、歷史和語言，使台灣人民「中國化」，這導致後續台灣人民的抵抗。自一九八〇年代實施民主化以來，台灣人民強化了自己作為台灣人的身分認同，並認為台北的中華民國政府和和北京的中華人民共和國政府在政治上是平等的。如今，許多台灣人不認為台灣是中國的一部分，而是認為台灣應該獨立。[8] 研究顯示這種趨勢正在加速發展。在三十歲至四十九歲的年齡層中，自認是純粹台灣人的比例為六四％，

* 編按：即二二八事件。

而五十歲以上則為六〇％。最重要的是，在不斷增長的十八歲至二十九歲年齡層中，八三％的人認為自己是純粹的台灣人。[9]

台灣和美國的關係

美國在讓台灣有喘息空間、走自己的政治道路方面發揮了重要作用。因此，任何有關中華人民共和國和中華民國之間關係的討論，以及中華人民共和國針對台灣的政治作戰行動，都必須包括其對美國與各國關係的討論。美國在對日抗戰和國共內戰期間都支持國民黨。儘管美國總統杜魯門（Harry S. Truman）在一九五〇年一月還傾向允許中華人民共和國控制台灣，但在同年六月中華人民共和國支持的朝鮮入侵韓國後，杜魯門很快就改變了立場。[10]

此後，美國一直支持在台灣的中華民國政府，同時對該島國的最終主權保持模糊立場。自一九五〇年代以來，美國政府一直利用軍事力量來捍衛中華民國對抗中華人民共和國的侵略，比如一九九六年的總統柯林頓派遣兩個航空母艦戰鬥群到台灣海峽地區，以制止中華人民共和國對台灣發射威嚇性導彈。在美國於一九七九年正式承認中華人民共和國後，美國國會通過《台灣關係法》（*Taiwan Relations Act*，ＴＲＡ）確保了與台灣非官方外交關係的存續。[11]

雖然《台灣關係法》和美國總統雷根（Ronald W. Reagan）的「六項保證」（six assurances）讓台灣有信心，美國不會放棄這個島嶼共和國，但美國還是強加了一些關於兩國關係的不成文規則和規定。[12] 這些自我設定的禁止，包括「不允許台灣五位層級最高的官員訪問華盛頓、不允許較高級別的美國官員與台灣同級別官員會面，以及不稱呼台灣為一個國家」。[13]

自一九七〇年代初的中美和解以來，中華人民共和國、中華民國和美國之間的三角關係一直起伏不定。華盛頓目前的政策是對北京和台北實行「雙重嚇阻」。美國關切的包括透過繼續支持台灣的民主來對抗日益強硬的中國，以維護亞太地區盟邦友誼與國內政治的信心基礎，同時確保台灣民主政治所導致的具挑釁性政策不會引發中國的武力回應。在這種雙重嚇阻政策的平衡行動中，美國在支持和平解決兩岸僵局方面立場始終一致。[14]

自二〇一七年一月美國總統川普上任以來，台灣和美國的關係已經改善，而且根據川普總統向國會提交的報告，這種關係的強勁趨勢似乎會繼續保持。[15] 這種支持一直都很穩定，例如，在二〇一八年十月的一次演講中，當時的副總統彭斯強調台灣和美國關係的重要性，並得出結論：「美國將永遠相信，台灣對民主的擁抱為所有中國人民示範了更好的道路選擇。」[16]

作為改善關係的持續跡象，川普總統於二〇一八年三月簽署了《台灣旅行法》（*Taiwan Travel Act*），該法案允許台灣和美國官員進行高級別的外交接觸，鼓勵美國政府官員在各個層次上訪問台灣政府官員。[17]此外，二〇二〇年三月，川普總統簽署了《台灣友邦國際保護及加強倡議法》（*Taiwan Allies International Protection and Enhancement Initiative*，取字首後俗稱《台北法案》〔*TAIPEI Act*〕），旨在擴大美國與台灣的關係範圍，並鼓勵其他國家和國際組織加強與台灣的聯繫。值得注意的是，《台北法案》目的在於「向各國發出強烈訊息，支持中國破壞台灣的行動將會面臨一些後果」。[18]

正如彭斯在演講中指出的那樣，美國仍舊奉行一個中國政策，但這當然不同於中華人民共和國的解釋。雖然中華人民共和國的一個中國原則為自己提供了一個有用的政治作戰論述，但它在很大程度上是一個神話。

「一個中國」的神話

中國目前的立場是只有一個中國，台灣一直是中國的一部分。中國的宣傳人員不斷地宣揚這種關於台灣的說法，就像他們對蒙古、西藏、新疆，以及任何其他符合其擴張領土的希望一樣。歷史學家愛德華・德雷爾（Edward L. Dreyer）解釋了這種論述的陰險影響：

「一個中國」的敘述允許中華人民共和國否認西藏人、維吾爾人、蒙古人，或任何其他少數民族任何獨立願望的合法性。由於他們的領土「始終」是「中國」的一部分，因此從某種意義上說，他們的歷史也是中國歷史的一部分；即使這些民族的母語不是漢語，也不認同占有主導地位的漢族。如果台灣一直是中國的一部分，那麼中華人民共和國政府當然有權將台灣島與大陸「統一」，儘管中華人民共和國從未對台灣行使過任何權力。[19]

歷史既不支持一個中國的主張，也不涉及中國對台灣的主權。縱觀有記載的歷史，中國在很長一段時間內處於分裂狀態——事實上，三千多年來，分裂多於統一。中國神話中的「統一中國」主要包括蒙滿草原以南和喜馬拉雅山以東的十八個省分，而台灣並非這個帝國的一部分。此外，德雷爾寫道：「歷史上中國曾有兩次是由非漢族統治的多民族帝國。一三六八年，蒙古人的元朝被明朝推翻；明朝之後，滿清王朝從一六四四年到一九一二年統治中國。」[20]

清朝最初將其帝國中的漢族和非漢族地區分開，將漢族中國人與滿洲、內蒙古、外蒙古、西藏和新疆等地分開。然而，在這個王朝的末期，清帝國中的中國和非中國部分間的區別消失，並且除了中國的傳統邊界以外，省級管理成為了一個常態。結束將漢族排除在帝國其他地區之外的主要原因，包括大規模的漢族移民進入滿洲和蒙古，以及清朝在面對「侵略性和擴張性的俄羅斯帝國」時加強了對該地區的控制能力。[21] 十九世紀末期，中國式管理的擴展有助於創造自古以來存在的一個中國神話。

歷史事件的日期是「根據國王的統治時期或皇帝的年號來記錄」，這一事實也加劇了「一個中國」的錯誤觀念。德雷爾認為，這種史學方法「迫使歷史學家每年選擇一位合法的統治者，即使政治權力實際上是在實力相當的政權之間劃分的」。例如，司馬光於一〇八四年出版的《資治通鑑》中闡述了一千三百六十三年的歷史，中國只有大約五百七十年的「政治統一」。在接下來的幾年裡，「不是獨立的軍閥挑戰或忽視帝國政權，就是兩個或更多的敵對王朝聲稱其王室或帝國的頭銜。」即使在看似統一的時期，也常常發生大規模的叛亂。[22]

一六二四年，荷蘭人放棄了他們在澎湖群島的前哨基地，並在台灣本島定居。四年後，他們對該島進行大規模調查，發現島上主要居住著原住民，沿海村莊最多則有數百名福建華人。一六三六年，荷蘭人開始引進中國契約工到稻田和甘蔗園工作，台灣的華人人口才開始增加，但最初這些勞工也只短暫停留幾年，最後還是帶著他們賺到的所得回到福建。澳洲政治及歷史學者家博（J. Bruce Jacobs）指出，「在荷蘭引進中國勞工之前，台灣並沒有永久的華人社區，」以及「在荷蘭時期和之後來到的中國人並不認為自己是『中國人』」，而是根據他們的出身地作為身分的認同。[23]

然而，這並不是說中國及其文化在幾個世紀以來沒有對台灣產生影響。雖然中國和台灣從來沒有良性地融合，但台灣的政治、社會、文化和經濟體系，都是在中國的影響下演變而成的。儘管台灣的定居者最初是以馬來人和玻里尼西亞地區的人民（即原住民）為主，但台灣也接收了一些中國大陸的移民，他們帶來了漢族文化、客語、閩南語，以及各種宗教信仰。特別是儒家的家庭體系，最終主導了台灣社會。[24]

當時的中國對台灣大多不甚了解而且忽視，但台灣在一六八四年被清朝吞併，以阻止忠於明朝的海盜繼續使用台灣作為基地。[25] 十七世紀時，明朝忠臣鄭成功（Koxinga）† 在中國大陸進行反清復明運動，並在台灣建立王朝的英雄故事就此展開。鄭成功的事蹟被描繪成非常勇猛、豐富且精彩的英雄傳奇，涉及海盜、荷蘭人和清朝之間的背叛、謀殺，以及大規模的陸地和海上戰爭。鄭成功在一六六二年擊敗荷蘭人占領台灣，這一事件後來成為中華人民共和國政治作戰敘事的一部分——代表中國大陸人民為台灣帶來「解放」，以及對外國殖民主義和帝國主義的勝利。

由於台灣經常成為鄭成功的活動基地，中國人對附近島嶼的興趣與日俱增。[26] 清朝最終意識到需要併吞台灣以控制澎湖列島的海盜勢力，於是在一六八四年完成這個目標。清朝任命的台灣官員須向福建巡撫匯報，但清朝並沒有在台灣建立常態化的統治體系，這表明他們不願意永久地併吞台灣。這種猶豫在一七八六年至一七八八年間發生的大規模台灣抗清叛亂中，似乎得到了證實。[27] 實際上，反抗和反叛清朝在台灣是相當普遍的，正如歷史學家葛超智（George H. Kerr）所說：「此後兩個世紀的無效和虐待統治，產生了一種代表本地福爾摩沙人對大陸當局的怨恨和潛在的敵意傳統。暴亂和未能成功的獨立運動非常頻繁發生，以至於在中國的人們普遍說台灣：『三年一大反，五年一大亂。』」葛超智指出，單在十九世紀就發生超過三十次「武裝暴力事件」。[28]

在另一錯綜複雜的系列事件中，清朝對台灣的主權問題，成為中國王朝與現代化日本關係中的一個棘手問題。一八六八年明治維新後，日本併吞了琉球王國——包括九州和台灣之間的琉球群島。一八七一年，台灣原住民殺害了五十四名遭遇海難的琉球水手‡，無能的清朝「外交部」不承認日本對琉球的統治，也否認需要對原住民的行為負責，因而實際上放棄了對台灣的主權。日本最終派出海軍遠征隊報復§，結果是清朝最終承認日本對琉球群島的主權，日本也承認清朝對台灣的主權。

在隨後的中法戰爭（一八八三年至一八八五年）和幾次內亂中，清朝擴大了對台灣的控制，並開始以更加歐洲而非中國的方式對台灣進行現代化改造，例如：道路鋪設、電燈、現代郵政服務，以及鐵路和電報系統等的出現。這些在中國大陸都是前所未見，這說

† 編按：Koxinga為「國姓爺」的音譯，後被西方世界普遍用來作為鄭成功的名字。
‡ 編按：即八瑤灣事件，或稱琉球漂民事件。
§ 編按：即一八七四年發生的牡丹社事件。

明了台灣社會正在不斷發展，與中國大陸本身的情形截然不同。[29]

日本的擴張主義願景加速了台灣的現代化，這是清朝指派到台灣的官員所無法預見的。第一次中日戰爭（即甲午戰爭，一八九四年至一八九五年）對清朝造成了災難性的打擊，因為日本在陸地和海上迅速便取得勝利。因此，清朝根據一八九五年四月十七日簽署的《馬關條約》，將台灣和澎湖群島永遠地割讓給日本。然而，「永遠」只持續了五十年，因為日本對台灣的主權行使止於一九四五年。[30]

一八九五年的《馬關條約》至今仍然具有重要意義，因為它是歷史上最後一次對台灣領土有主權束縛效力的國際條約。歷史事件同樣值得注意的是，英國駐華公使威妥瑪（Thomas F. Wade）爵士和美國前國務卿福斯特（John W. Foster）實際上是該條約的「教父」，因為英國和美國都參與了該協議的制定。[31]

台灣人對無能的清朝統治者和條約感到不滿，於是在一八九五年五月宣布獨立，成立「台灣民主國」，並試圖反擊日本對台灣的占領。然而，到同年十月底，日本軍隊便擊敗了所有有組織的台灣抵抗力量，亞洲第一個獨立共和國被徹底粉碎。[32]

日本接下來所做的不僅僅是占領台灣，而是將台灣納入日本的國土，就像琉球群島於一八七九年被併入日本的命運一樣。根據大日本帝國的標準，日本的統治相對人道，不像後來對待其他殖民征服地區（如朝鮮、菲律賓和中國）時所實施的殘暴對待。台灣人民融入日本文化，讓他們變得「看起來更像日本人而不是中國人」……他們說日語、穿著日本服裝、吃日本食物，而且在一些情況下，還有日本名字。[33]但在不遠的未來，台灣人民將在中國統治下，為曾經被日本同化過付出可怕的代價。

台灣、中華民國和毛澤東

孫中山在中國大陸發動革命成功，並於一九一二年二月十二日成立中華民國¶，新的共和國繼承了清朝的所有條約義務和債務。外國承認中華民國對一九一一年之前所有的清朝領土擁有主權，但其中不包括當時仍屬於日本的台灣。[34]這其實也是國民黨和共產黨陣營三十多年來的共同觀點。

在第二次中日戰爭（即八年抗戰，一九三七年至一九四五年）和第二次世界大戰

¶ 編按：作者採用清宣統帝宣布退位的日期，而非中華民國官方定義的一九一二年一月一日。

（一九三九年至一九四五年）期間，中共領導人毛澤東最初認為台灣是一個獨立被占領的國家，並支持台灣在戰後應該獨立的想法。這個時代的一些中共文件和政策，強化了毛澤東認為台灣與中國是互不隸屬的觀點。[35]毛澤東的立場可以在他一九三六年七月對美國記者、中共同情者史諾（Edgar P. Snow）的發言中找到最顯著的證據。史諾問道：「中國人民是否要從日本帝國主義者手中收復所有失地？還是只是把日本趕出了華北和長城以北的全部中國領土？」根據史諾的敘述，毛澤東的回答是：

不僅要保衛長城以南的主權，也要收復我國全部的失地，這就是說滿洲必須收復。但我們並不把中國以前的殖民地朝鮮包括在內。當我們收回中國的失地，獨立以後，如果朝鮮人民希望掙脫日本帝國主義者的枷鎖，我們將熱烈支援他們爭取獨立的戰鬥，這一點同樣適用於台灣。[36]

在一九四三年之前的重要中共文件中經常提及台灣，但從未將台灣視為中國的一部分，通常將台灣稱為盟友，就像朝鮮對抗日本占領者的鬥爭中一樣。從一九二八年到一九四三年，中共一貫認為台灣是一個獨立的「國家」或「民族」，承認台灣的「國家解放運動」是一個屬於「弱小民族」的鬥爭，與中國革命和潛在主權分開。中共經常呼籲要與台灣人，特別是和台灣的共產黨組成統一戰線，不是因為台灣人是同一漢族的延伸，也不是因為台灣人也是中國人，而是因為台灣是一個受到日本帝國主義壓迫的小國。[37]

中共早期對台灣共產黨的支持意義重大。台灣共產黨於一九二八年四月十五日在上海成立，是根據共產主義國際（共產國際）的命令成立日本共產黨民族支部（當時台灣仍是日本屬地）。出席大會的五位台灣人雖然是中共黨員，但他們以「台灣民族獨立」「打倒日本帝國主義」「建設台灣共和國」等口號支持台獨。台灣共產黨在其黨綱中，引用了一八九五年台灣民主國的成立以作為國家獨立的立論。[38]

然而，在一九四三年後，中共改變了原本立場，並與中華民國領袖蔣中正的觀點保持一致，否認台灣的民族「分離」並拒絕該島上的政治獨立運動。同盟國於一九四三年十一月二十七日發表的「開羅宣言」(Cairo Declaration)，呼籲日本「無條件投降」，並指出「日本自中國人所竊取的所有領土，比如滿洲、台灣及澎湖群島，應該歸還給中華民國」。[39] 開羅宣言既不是條約，也不是具有法律約束力的文件，但中共和國民黨都經常以此作為中國對台灣主權主張的理由。同樣令人關切的是，該宣言本身在歷史上是不精確的：台灣並非是從中國領土中「竊占」而來，除非美國總統羅斯福（Franklin D.Roosevelt）和英國首相邱吉爾（Winston L. S. Churchill）認為，美國和英國自己是一八九五年《馬關條約》交易中的共謀者。但當時，他們都希望中國繼續參與反抗日本帝國的戰爭，而蔣中正似乎正在考慮與東京達成單獨協議來結束在中國的戰爭。[40]

根據開羅宣言，中華民國軍隊於一九四五年十月二十五日接受了日本在台灣的投降，這意味著該宣言的條款已被真正履行，並得到美國和廣泛國際社會的支持。[41] 儘管台灣人最初將大陸人視為解放者，但之後他們並沒有屈服於蔣介石軍隊的統治。蔣介石的軍隊是「一支由無知、不守紀律的新兵所組成的烏合之眾」，[42] 國民黨軍隊蔑視台灣人，認為台灣人比起中國人更像日本人。中國占領者也對這樣一個事實感到不滿：依中國大陸的標準來看，台灣很繁榮、技術先進，而且沒有如同中國大陸所經歷的大規模戰爭破壞。這種蔑視在許多層面上表現為政治壓制，其中最顯著的是台灣人被排除在一九四七年底生效的《中華民國憲法》之外。

與此同時，中華民國政府以腐敗和低效的方式統治台灣，與日本當局的統治方式截然不同。當時在台灣執行任務的美國海軍軍官、後來成為外交官的葛超智，描述了國民黨統治的貪婪本性：

搶劫在三個層面上進行……最低層次上，軍隊的劫掠者在進行劫掠。一切可移動的物品都成了邋遢和無紀律士兵們的目標。這是第一波小偷小摸，發生在每個城市街道和市郊村莊中……第二個階段的搶劫發生在當高階軍事人員……在港口組織了運輸代理商，他們開始將軍事和民生必需品運往他處。接下來，在中國國民黨統治者陳儀手下的嚴密掌控中，從戰敗的日本人中取得了工業原物料、農產品庫存和沒收的房地產。[43]

陳儀掌控了各個經濟領域的壟斷，並排擠台灣人參與商業和工業活動，這導致了生活成本的暴漲。例如，食品價格從一九四五年十一月到一九四七年一月暴漲了七百倍。台灣的中產階級「開始消失……失業成為一個嚴重的問題。」歷史學家葛超智指出，「這些因素是一九四七年叛亂的根本原因。」[44]

一九四七年二月二十八日的事件原本是一次小型街頭事件，涉及官方腐敗和警察暴行，最終導致數千名台灣平民被中國國民黨軍隊屠殺。台灣的政治、商業和知識菁英被有系統地追捕、逮捕、折磨和殺害，普通民眾面臨隨機殺戮和其他變態暴行。有關死亡人數的估計從一萬到二萬多人不等[45]。這些抗議活動導致中華民國實行了長達三十八年的專制戒嚴時期，這一時期後來被稱為「白色恐怖」[46]。中華民國政府拒絕了台灣人隨後要求「台灣人享有與中國人相同的權利和待遇」的請求。[47]

第二次世界大戰結束後不久，中國內戰在大陸重新燃起，到一九四九年，國民黨軍隊在不斷獲勝的中共軍隊面前節節敗退。結果，大約有一百二十萬名中國大陸人（儘管有人估計超過二百萬人）逃到台灣，其中許多是軍事人員和文職行政人員。同年五月，中華民國透過實施戒嚴和暫停憲法保障人權的重要條文，進而擴大了對台灣的威權統治。同年十二月，中華民國主席蔣介石及其政府撤離到台灣，指定該島為中華民國的一個省（當時中華民國仍聲稱統治全中國），並在台北建立新的首都。[48]

儘管大陸人只占台灣人口的一五%左右，但他們在政府、軍事和政治方面占據主導地位。關於台灣民族主義或反對國民黨的討論，會被等同於「同情共產主義者」（communist sympathies），並作為中華民國「去日本化和中國化」運動的一部分而受到壓制。因此，台灣人經常受到系統性的嚴厲對待。[49] 除了同情共產主義者和那些僅僅聲稱如此的人之外，祕密警察還殘酷鎮壓主張台灣由美國託管的台灣菁英幹部。[50] 一些分析人士估計，白色恐怖期間有多達九萬人被捕，其中約一萬人被送上軍事法庭實際受審，約四萬五千人被草率處決。許多被拘留者受到酷刑，許多沒有被處決的人被「無限期」送往台灣東南海岸外惡名昭彰的綠島監獄。[51]

歷史學者家博總結了蔣中正及其兒子蔣經國時期的國民黨政權，稱其為「由外人統治，符合外人的利益。這是一個台灣人毫無權力且遭受大規模和系統性歧視的獨裁政權」。[52] 儘管中華民國刻意打壓對台灣複雜歷史的本土研究，並強調台灣與中國的臍帶關係，但外省人（來自台灣省以外的大陸人）和本省人（來自台灣省的人）之間的區別，乃成為政治和文化分歧的焦點。

中國內戰持續進行中的政治作戰

蕭良其寫道，「在中國內戰期間，中國共產黨和中國國民黨的部隊散布假訊息，以在敵控制區搬弄是非、散布關於叛變的謠言、偽造敵人的攻擊計畫，並煽動動亂以誤導敵人的計畫。」[53] 然而，第二次中日戰爭和第二次世界大戰的爆發，導致了兩黨間的統一戰線和某種程度的停戰。

根據石明凱和蕭良其的說法，中共在那個時期的地下政治作戰活動分為幾個組織。城市工作部門——即統一戰線工作部的前身，「專注於普通市民、少數民族、學生、工廠工人和城市居民」。社會工作部門「專注於敵對民政當局的上層社會菁英，中共高級領導的安全以及共產國際聯繫」。最後，敵軍工作部「負責針對敵對的軍事人員進行政治作戰」。[54]

這些部門力求完成三個主要使命：「建立和維持與友好、富有同情心的軍事人員的統一戰線」「破壞敵方高階領導的凝聚力和士氣」，以及「在軍官和士兵之間製造緊張關係，爭取並煽動中間人的叛逃」。總結重點是，「對敵方高階軍事領導核心進行心理和意識形態制約，以削弱國家意志，激發對中共戰略目標的同情，並發展軍事情報的祕密來源。」使用的策略包括經濟誘因、羞辱和寬大承諾。[55]

一九四五年九月，日本帝國投降標誌著中國內戰的新篇章。中共在戰時保存了敵軍工作部的實力後，迅速將政治作戰的重點從抗日轉向打敗國民黨和中華民國政府。儘管一九四五年十月雙方的合法性都得到承認，但不久後內戰又重新爆發。[56]

瞄準台灣

一九四六年，中共成立了台灣省工作委員會，負責「政治軍事一體化行動，顛覆中華民國在台灣的勢力」。[57] 台灣人蔡孝乾被任命為台灣省工作委員會秘書長。蔡孝乾於一九二四年離開台灣到上海大學就讀，四年後日本共產黨台灣支部成立時，他是該支部的創始常委。一九三八年，他被任命為中共敵軍工作部部長，並於一九四六被派往台灣進行統一戰線工作，為中國占領台灣做準備。另一位台灣人蔡嘯的任務，則是在台灣訓練敵方工作人員。

中國大陸還有一大批台灣人可供中國共產黨招募。面對紅軍的猛攻，許多身處沿海城市中歷史悠久台灣社區的人無法逃回台灣或其他地方；此外，在一九四五年投降後，原本的日軍占領地內也留有大量被徵召入伍的台灣年輕人滯留在此。數千人沒有工作、無處可去，他們被國民黨軍隊粗暴地視為「日本漢奸」。加上一九四七年二二八大屠殺後，許多台灣青年男女前往中國尋求庇護，他們對國民黨的殘酷虐待和美國不制止這些暴行感到憤怒。許多

「新兵」沒有選擇，拒絕協助中共意味著被扣上「反動」的帽子，且注定要被處決。其中許多台灣人被送往上海附近的台灣光復訓練團營地，接受「再教育」以及顛覆和破壞訓練。[58]

石明凱和蕭良其表示，「一九四九年五月上海落入中共控制後，人民解放軍開始加強對台灣的政治作戰行動，當時中共醞釀策畫一場預計於一九五〇年四月進行的兩棲入侵。」[59] 蕭良其解釋，一九四九年中華民國政府遷往台灣後，「雙方向敵占領區投放宣傳和假訊息，以影響公眾輿論和軍隊士氣。」[60] 隨著共產主義小冊子和書籍被走私到台灣，北京當局最初的努力集中在招募國民黨軍隊的大陸軍官，以破壞蔣介石在台灣的防禦戰線，並煽動人員叛逃加入中共，也就是所謂的「回家」。雖然這項策略在大陸戰爭期間對許多國民黨軍官很有效，但對於逃到台灣的人來說，這種作法並未獲得多大成果。因此，中華人民共和國隨後的宣傳重點放在顛覆台灣內部的大陸平民難民；同時，中共利用香港促進日本、中國和台灣的共產黨人間的聯繫。[61]

次年，中華民國反情報人員揭露了中共在台灣的祕密行動，導致蔡孝乾被捕。結果，蔡孝乾被國民黨成功策反，台灣島上四百多名中共特務隨後曝光。其他中共特工逃到香港，並加入了新成立的「台灣民主自治同盟」，這是一個由中共支持的主張統一組織，至今仍然存在。[62]

一九五〇年六月，北韓入侵南韓，韓戰爆發。聯合國部隊到朝鮮半島支援南韓，美國總統杜魯門命令美國海軍第七艦隊阻止外國勢力對台灣的任何攻擊。儘管蔣介石自願派遣中華民國軍隊與駐韓聯合國聯軍並肩作戰，但由於美國擔心戰爭擴大並將中華人民共和國捲入戰爭，因此沒有同意派遣這些台灣軍隊。儘管如此，中華人民共和國還是在一九五〇年十月襲擊了駐韓聯合國美軍。[63] 中國人民志願軍政治部負責所有針對聯合國部隊的政治作戰行動，而其敵軍工作部的任務是處理宣傳、假訊息行動以及戰俘處理。[64]

韓戰於一九五三年七月達成停戰協議後，發生了兩起重要的兩岸關係事件。自一九五四年九月起，在第一次台灣海峽危機中，中華人民共和國炮擊轟炸並占領了台灣海峽上幾個中華民國的外島，同時對中華民國發起強烈的宣傳和心理戰，一直持續到次年。一九五五年三月，中華民國與美國簽署了《中美共同防禦條約》（*Sino-American Mutual Defense Treaty*），此舉很大程度上是為了嚇阻中華人民共和國入侵台灣的計畫。

一九五六年，中共成立了「中央對台工作領導小組」，這是一個負責監督針對台灣政治作戰行動的強大組織。石明凱和蕭良其寫道，中共在未來二十年的主要目標，「是透過宣傳和提供錯誤訊息的行動破壞中華民國台灣當局的合法性、管理領土爭議、對抗『美帝國主義』」。例如，在此期間寫給蔣介石的幾封信中，建議「直接和平談判」和「透過談判解決問題，給予台灣當局高度自治」。[65] 在另一個例子中，一九六二年新加坡的一份英文媒體報導稱，蔣介石的「核心領導集團經過五年多的談判，與中國共產黨達成了一項祕密協議」，蔣介石「同意在他去世之後，接受台灣作為一個自治區的地位」。中共此類的努力旨在破壞台灣的決心，並在台灣和美國之間製造不信任。[66]

一九五八年八月，中華人民共和國發動了第二次台灣海峽危機**，採取與前一次衝突相同的激烈炮擊，以及宣傳、心理戰行動等。最猛烈的炮擊攻勢在該年底停止，但中華人民共和國的政治作戰行動則持續將近三十年。值得注意的是，美國總統艾森豪（Dwight D. Eisenhower）非常擔心危機對中華民國士氣的影響，因此直接向台灣提供補給和第七艦隊支援，並研究使用核子武器的可能性，以保衛這個島國。

一九五〇年代開始的兩岸心理戰一直持續到一九九〇年代。第二次台海危機後，中華人民共和國與中華民國仍處於「激烈的國際外交競爭」中，其政治作戰行動的特徵是——

包括「祕密行動、詭計，和其他透過心理戰鼓勵敵方軍官叛逃的努力」。蕭良其表示，「雙方利用擴音器和廣播電台向敵方領土散布宣傳和製造假訊息，利用氣球和漂浮載體發送傳單和其他物品以尋找叛逃者，或是給予獎賞和小禮物，包括內衣、玩具、食用油以及其他物資，旨在對目標人群產生心理影響。」政治作戰較量最有趣的象徵是，使用寫滿宣傳標語的傳單而不是裝有炸藥的彈頭進行炮擊。[67]

雖然台灣仍然是中華人民共和國的中心焦點，但中共亦轉向其他有爭議的地區，導致了一九五一年占領西藏行動與一九五九年的西藏起義，以及一九六二年的中印邊境戰爭。毛澤東的生產大躍進（一九五八年至一九六二年）造成大規模的饑荒和數百萬人民死亡，影響了中華人民共和國針對台灣的政治作戰行動。中蘇決裂時期（一九五六年至一九六六年）也是如此，導致一九六九年邊境的血腥小型衝突。[††]

在文化大革命（一九六六年至一九七六年）期間，隨著毛澤東使國內陷入一片混亂，

** 編按：包含八二三砲戰等戰事。

†† 編按：即珍寶島事件。

中華人民共和國的許多政治作戰行動都大幅減少。然而到了一九七一年，聯合國大會投票贊成中華人民共和國取代中華民國，並成為中國在聯合國的代表，這讓中華人民共和國取得重大的外交和隱性政治作戰勝利，導致台灣的國際地位受到嚴重損害。一九七〇年，有六十八個國家承認中華民國為「中國」，五十三個國家承認中華人民共和國；但到一九七七年，只有二十三個國家承認中華民國，而有一百一十一個國家承認中華人民共和國。[68] 直至今日，仍舊承認中華民國的國家，仍然是至關重要的外交政治作戰戰場。

美國總統尼克森於一九七二年訪問中國，削弱了中方針對台灣及其與美國關係的一些宣傳和其他政治作戰行動。一九四九年至一九七二年間，中華人民共和國用意識形態來界定台灣「問題」，指責美國以「帝國主義」來「占領台灣」，用「階級鬥爭」理論來評判台灣社會，並慣用共產主義意識形態術語解釋台灣的政治、經濟和教育制度。[69]

然而，從一九七三年開始，焦點發生了轉移。中華人民共和國有計畫地利用二二八台灣大屠殺的機會，舉辦周年紀念儀式和研習會，以「贏得台灣人民的心」。第一次會議約有一百三十八人參加，其中近一半是台灣人，包括國民黨黨內官員、前軍官、政府外交官和行政人員、學者、婦女和年輕人。年會的宣傳主題包括例行公事地呼籲台灣「解放」和與「祖國」統一，以及針對「和平談判」的強力威脅與提議。有趣的是，主辦單位還聲稱毛澤東啟發了二二八事件‡‡，透過將這一事件歸功於自己，中共設法「在該事件和台灣未來的任何政治變化間」，建立其領導的合法性和連續性。[70]

文化大革命為中國大陸帶來十年的內戰、混亂和毀壞。文革結束後，中華人民共和國的政治作戰基礎設施在一九七〇年代末期重建，從而重新啟動針對台灣的行動。到目前為止，北京的台灣政策工作人員的工作，一直由中共的中央調查部主導，該部門的重點是情報和政治作戰行動，後來該部門併入中華人民共和國的國家安全部。這種作法並不一定是新的中國模式，因為在中國內戰的高峰期間，統一戰線、國家安全和聯絡工作系統在實際的地下工作中均有密切合作。

文化大革命的結束，也使中共得以大幅擴展其統一戰線使命。統一戰線工作最初是針對中國各派系和民族的國內目標，特別是在災難性的「生產大躍進」和血腥的「文化大革命」期間。但從一九七九年開始，鄧小平將統一戰線工作的重點擴大到居住在中國境外的

‡‡ 編按：當時中共稱呼二二八事件為「二二八起義」，視該事件為中國人民反封建、反官僚資本主義運動的一部分。

華人。其目的希望能吸引海外華人到中國投資，支持鄧小平在中國大陸提出的農業、工業、國防和科技「四個現代化」，也鼓勵僑民支持中華人民共和國在其居住國的政策和行動。這造成了統戰部的資金大幅增加，以及中國的經濟復甦。[71]

儘管蔣中正於一九七五年四月逝世，毛澤東則於一九七六年九月去世，但這對中華人民共和國和中華民國之間政治作戰的競爭性質幾乎沒有改變。不過由於中國在一九七八年爆發的民主牆運動，以及國內的經濟改革，使得中華人民共和國遠離極權主義的機會希望渺茫。根據蕭良其的報告，「一九八〇年代，兩岸關係開始自由化，中國共產黨於一九九一年正式終止了它的公開宣傳計畫。從表面上看，持續了四十多年的無煙硝戰爭似乎已經結束，但實際上情況卻截然相反。宣傳和假訊息在大眾媒體和新媒體中找到了新的出路。」[72]

中國模式、一國兩制和統一戰線

一九七九年一月一日，美國正式承認中華人民共和國並斷絕與中華民國的官方關係，其中包括終止了一九五五年生效的《中美共同防禦條約》。同年四月，美國國會對來自總統卡特（Jimmy Carter）對台灣所聲稱的安全保證表示懷疑，因此通過了《台灣關係法》。

該法在「非官方的條件下」提供在「重要安全領域上的實質持續」，同時在「商業、文化和其他關係」上也保持連續性，為台灣提供了實質性的保障。[73]同時，鄧小平於一九七九年十二月宣布共產黨和國民黨之間建立第三次統一戰線的計畫，並為統戰部提供支持，在兩岸政策中發揮重要作用。鄧小平也提出推廣「中國模式」以取代國際共產主義運動的初步構想。[74]同年，中華人民共和國入侵越南。

在這個時期，中華人民共和國的政治作戰行動之一是提出「一國兩制」的想法，試圖誘使台灣加入中國。石明凱和蕭良其寫道，「一九八一年九月，中國官員提出一份九點提議，呼籲中國共產黨和中國國民黨在平等基礎上進行統一談判，啟動兩岸貿易和其他功能性交流，以及為來自台灣的代表提供諮詢職位。」除了「將台灣歸為中共中央當局下的地方政府」，這個提議還針對了美國對台灣的支持。中華民國最終拒絕「一國兩制」的概念，反而呼籲在「民主、自由和非共產主義體制下統一」。[75]

最終，香港成為「一國兩制」理念的試驗場，並且仍然是中國政治作戰的關鍵領域。儘管中共在香港進行了數十年的統戰工作和情報工作，但自一九八四年十二月簽署《中英聯合聲明》(*Sino-British Joint Declaratio*) 以來，政治作戰活動急遽增加。[76]假以時日，香港的經驗將清楚地表明這一點，中華民國在一九八一年拒絕中華人民共和國的「一國兩制」方案是明智的。香港獨立運動人士游蕙禎表示，「自從一九九七年從英國手中接管這座城市以來，中國已經侵蝕並幾乎摧毀了香港的民主。北京巧妙地操縱一個完善的政治和憲法框架，逐步取消了香港的自治權……公民自由和權力分立等概念，正在遭到拋棄。公平正義這些民主的核心正在萎縮。」[77]

在那個時代，香港的政治作戰競爭和建立政治對話方面也發揮了核心作用。正是在香港，中共透過中國國際友好聯絡會（以下簡稱友聯會）建立了一個「將軍事聯絡工作擴大到更廣泛的國際社會菁英」的新工具。[78] 利用友聯會及其各種統一戰線組織，中共透過在中國的計畫拉攏許多中華民國軍官，例如「海峽兩岸將軍連緣文化節」，該活動將中華民國退役軍官、中華人民共和國高階官員和退役解放軍軍官聚集在一起。[79] 許多中華民國與會者都收到了商業和金融優惠，以換取他們在支持中國政治作戰目標方面的合作。

一九八四年，中共在香港成立凱利實業（Carrie Enterprise Corporation）。該公司最初是一家貿易公司，很快就擴展到房地產、建築、製造、採礦、投資和政治作戰業務。據石明凱和蕭良其稱，凱利實業在香港的子公司有多達二十家，且都在進行針對台灣的政治作戰活動。接下來，中共成立黃埔軍校同學會——這是統戰工作部門的一個組織，負責推動「一國兩制」概念以促進兩岸統一。[80]

在這個時期，中華人民共和國也優先考慮建立一個特殊的兩岸溝通管道，以期進行政治對話。一九八六年，台灣中華航空的一名飛行員叛逃到廣州[§§]，讓這件事化為可能。自國共內戰以來，共產黨和國民黨當局首次進行直接會談，以協商將該飛行員遣返台灣的相關事宜。到一九八七年十一月，中華民國在蔣經國總統的領導下，解除了台灣居民前往中國大陸的禁令[¶¶]，標誌著中華人民共和國政治作戰的一項重大成功。[81]

在中華民國政治作戰體制內，蔣經國受到極大的崇敬，因為他創立了中華民國軍隊的復興崗學院，又被稱為政治作戰學校，現在是台灣國防大學的一部分。當蔣經國將台灣從威權統治轉向民主化時，他仍堅信必須對抗來自北京的政治作戰。他對中華民國國號的意識形態辯護是無價的，但不幸地，他在這方向的支持帶來了一個負面結果——中華民國政

§§ 編按：即王錫爵劫機事件，正式名稱為「中華航空三三四號班機劫機事件」，王錫爵因此被稱為「兩岸直航第一人」。

¶¶ 編按：即開放兩岸探親。

治作戰的專業和功能並未隨著台灣民主機制而演進。這一失敗，以及對國民黨統治和白色恐怖時期非法濫權的深刻認識，最終削弱台灣作為民主國家對抗中華人民共和國政治作戰的能力。隨著時間的推移，台灣的政治作戰專家被視為列寧主義意識形態和威權統治的過時遺物，逐漸失去台灣選出的領導人和人民的尊重和信任。[82]

在蔣經國於一九八八年去世後，中共努力與他的繼任者李登輝建立聯繫。這是由一位新儒家學者居中牽線完成的，他與統一戰線工作部的國民黨革命委員會和中國人民政治協商會議密切合作。隨著中華民國國家統一委員會於一九九〇年成立，李登輝允許中華民國官員於該年十二月在香港與前解放軍總政治部主任等中華人民共和國代表會面，並在一九九三年開始建立信任措施的談判。作為這類聯絡工作是否密切的證明，石明凱和蕭良其指出，「在一九九〇年至一九九五年間，兩岸密使之間舉行了二十六次祕密會議。」[83]

中共領導人從鄧小平到江澤民的轉變，導致黨的官方「台灣政策團隊」內部的權力轉移，包括對解放軍高階軍官的清洗以及涉及與中華人民共和國公安部、解放軍情報部門和國有企業合作的政治作戰官員陷入醜聞。[84] 改革和報復接踵而至，這也與中共對中國民主牆運動的血腥回應相吻合，最終，官方在一九八九年六月以坦克碾壓和機槍掃射抗議者的方式，結束在天安門廣場大規模的學生運動。中共的政治作戰行動旨在掩蓋或轉移對六四天安門廣場大屠殺的事實，並持續至今。在二〇一九年中共展開對香港民主運動的鎮壓之前，這些操作在許多大學校園中仍然持續見效。

一九九一年，中華民國正式結束自一九四九年開始的「動員戡亂」；到一九九五年，李登輝總統實施了其他民主改革，賦予台灣人民更多權力，包括結束對一九四七年二月二十八日大屠殺數十年的掩蓋。[85]這一切都影響與改變中共的政治作戰策略和行動。例如，二〇一七年中共藉由「台灣民主自治同盟」舉辦二二八事件七十周年紀念活動，以及紀念台灣解除戒嚴三十周年，以此來煽動反動情緒。[86]

李登輝當時的政策和改革「謹慎但也具有挑釁性」。他反駁了中華人民共和國關於台灣是中國一個省的宣傳，稱這一主張「完全是昧於歷史與法律上的事實」，並堅持認為中華民國和中華人民共和國「應該在國際舞台上是兩個合法共存的政治實體」。[87]此外，他在任期內致力於讓白色恐怖事件透明化，以及帶領台灣繼續邁向民主和自由，在對抗中共的影響力上也發揮了積極作用。

一九九二年，中華人民共和國和中華民國代表在香港會面，確定未來會談的性質，特別是「國內會談還是國際會談」。這些會談的結果（現在被稱為〔九二共識〕）至今雙方仍有不同見解，因為它本質上反映了台海兩岸對「一個中國」含義截然不同的觀點。儘管如此，中華人民共和國直至今日仍繼續利用「九二共識」向台灣蔡英文政府、以及所有其他國家和國際機構施壓，要求接受其對「一個中國」的解釋。近年來，蔡英文總統不願加入中華人民共和國版本的九二共識和一個中國說法，導致中國更加大力度地以外交、經濟戰、軍事威脅和政治作戰為主要攻擊手段，逼迫台灣接受「一中原則」。

一九九五年，李登輝在母校美國康乃爾大學（Cornell University）發表演說（他在該校獲得博士學位），演講中強調台灣成功實現民主化，並特別關注「本土化」——即強調台灣的歷史、文學和文化，而不是中國。北京對此非常不滿。隨著一九九六年台灣總統大選前夕，中國對李登輝的態度變得強硬，其宣傳機構指責他鼓吹台灣獨立，並「按照美國的指示行事」破壞兩岸關係。[88]

一九九五年七月，中國透過在台灣周邊海域進行一系列飛彈試射，以及在福建沿海進行軍事演習來展示其硬實力，試圖影響台灣輿論。次年，中國為了阻止台灣人民在一九九六年台灣總統選舉中投票給李登輝，在三月二十三投票日的前幾天再次展示武力，向台灣海域發射導彈，並進行大規模的實彈和兩棲攻擊演習，試圖擾亂貿易及台灣周邊航線。美國的反應是向該地區派遣兩航艘航空母艦與戰鬥群，促使中國宣布暫停其飛彈「測試」。[89]

中國發動「一九九六年台海危機」的政治作戰行動最終失敗。李登輝以大幅領先的優勢成為中華民國第一位民選總統，總選票中有七五％投給了立場是反對台灣與中國統一的候選人。[90]然而，中共的政治作戰行動確實提高了一個名為「新黨」的台灣新政黨知名度，該政黨後來被指控開展針對台灣的間諜活動，以支持中華人民共和國。[91]

一九九〇年代後期，兩岸關係陷入僵局，台北與北京之間的「非正式」會談也停滯不前。因此，中國試圖「透過與商界人士、地方官員，和更支持兩岸統一的政治人物加強民間交往」來影響台灣。一九九九年，李登輝在接受德國電台德國之聲（Deutsche Welle，DW）採訪時否認了中華人民共和國對台灣的主權，聲明兩岸是「特殊的國與國關係」***。這引發了北京方面的猛烈宣傳攻擊，並取消台灣海峽兩岸關係協會會長的高層訪問。中共

*** 編按：即一般俗稱的「兩國論」。

決意取消了進一步的非官方談判，直到台北接受北京「一國兩制」的版本為止。[92]

到二〇〇〇年台灣第二次總統直選時，中國正在進行越來越多、更加微妙的統一戰線行動。在二〇〇一年，它指示成立中華文化發展促進會，作為解放軍進行兩岸政治作戰行動的主要平台。

民進黨的崛起：陳水扁政府

二〇〇〇年三月十八日，陳水扁當選中華民國總統，帶領民進黨擊敗了國民黨等泛藍派的兩組強勁競爭對手。對中華人民共和國來說，民進黨就是一場噩夢，因為該黨支持台灣獨立，並對從中國大陸來的國民黨政府因長期壓迫台灣人民而抱有不滿。因此，在選舉之前，中國採用了廣泛的政治作戰和其他影響力操作，以威脅台灣選民不支持陳水扁，並影響陳水扁當選後的行為。例如，中國國務院於二〇〇〇年二月發布一份白皮書表示，「如果台灣當局無限期地拒絕通過談判和平解決兩岸統一問題，中國政府只能被迫採取一切可能的斷然措施，包括使用武力。」[93]

雖然支持台灣獨立，但陳水扁公開表示，只要中國不打算對台灣動武，他就不會宣布獨立或改變中華民國的國家象徵。陳水扁面臨巨大的挑戰，包括與國民黨主導的立法院之間的激烈政治衝突、民進黨缺乏執政經驗，以及在他試圖重建美國的信任並向北京保證他將建設性地處理兩岸事務的過程中，陳水扁政府不斷發生醜聞。最終，中國拒絕陳水扁早期的安撫努力，中華人民共和國和中華民國之間的關係從僵局轉向對峙，陳水扁最終在與美國方面過度操弄自己手中的籌碼，大大減弱了美國的信任和支持。

中華人民共和國改變其政治作戰策略，從發出威脅影響台灣輿論，轉變為採用瓦解台灣團結的傳統統一戰線行動。具體來說，中國副總理錢其琛建議，「中國應該與台灣同胞共同努力……一致同意一個中國……團結一切可以團結的力量……反對分裂主義。」中國的主要目標是台灣商界，他們尋求更直接的路線和方法與中國做生意，並試圖影響台灣的商業組織接受和宣傳中華人民共和國的政治立場。[94]

到了二〇〇三年，陳水扁與美國總統小布希的關係因各種原因惡化。小布希在二〇〇一年上任後一度對台灣給予高度支持，承諾若中國攻台將「不惜一切代價」協助台灣自衛，並為台灣提供十年來最大規模的軍售方案。但是，二〇〇一年九月十一日美國發生的恐怖襲擊引起美國對中東的關注，而陳水扁不斷地公開發表支持台灣獨立的言論，可能導致兩岸發生衝突，這使得美台關係的熱度逐漸消退。最終，陳水扁的行為直接讓中國有機可乘，他疏遠了自己最強大的國際盟友——美國，以及台灣人民。[95]

同時，陳水扁大力地透過「去中國化」運動來強調台灣的身分，使台灣與中國分離。例如，陳水扁確保將台灣歷史和文化課程成為國家中等教育課程的核心，而中國歷史則成為世界通史的一部分。他還試圖將「中國」從國有企業和郵票的名稱中刪除。陳水扁努力的目的似乎在制定一部新憲法以實現台灣獨立，並確保以台灣而非中華民國的名義加入聯合國。

因此，中國大幅度地加強針對台灣的政治作戰行動。到二〇〇五年，北京加速推動統一戰線和「民間」外交，與國民黨和台灣親民黨建立定期聯繫。國民黨在台灣二〇〇八年的總統和立法委員選舉中擊敗民進黨，這些與高層政黨人士的聯繫，為台灣與中國以及共產黨與國民黨之間關係的大幅改善奠定基礎。[96]

在促成民進黨毀滅性的敗北之前，北京方面密切與華盛頓合作，以「遏制台灣」和陳水扁試圖改變現狀的努力；而小布希政府也擔心，這意味著台灣的獨立可能引發戰爭。二〇〇五年，中華人民共和國通過《反分裂國家法》，該法呼籲進行各種與台灣的交流，並在平等談判基礎上實現「和平統一」，同時規定對台灣使用武力合法性的廣泛條件。中華人民共和國還加強軍事恐嚇的模式，以影響當年台灣的選舉和獨立公投，這使許多美國政府官員認為中國已準備好對台灣發動戰爭。[97]

馬英九時代：和解與滲透

二〇〇八年至二〇一六年間，隨著中華民國總統馬英九推行與北京方面的和解政策，台灣與中華人民共和國間的互動迅速且全面性地增加。全球台灣研究中心的寇謐將寫道：「隨著兩岸旅遊、學術交流和投資的迅速擴大，中國致力於政治作戰的機會將隨之大幅增加。」[98]

中國將馬英九當選視為其拉攏台灣的歷史契機。馬英九支持所謂的九二共識，並公開宣稱中華人民共和國與中華民國同意對「一個中國政策」進行「各自表述」，台北方面確認為「中國」就是中華民國。然而，並無任何紀錄顯示中華人民共和國和中華民國之間曾經達成這樣的協議。馬英九還尋求在國際組織中實現「有意義的參與」，但不是加入聯合國。因此，馬英九得以成功緩解緊張局勢，並重啟陷入僵局的兩岸交流。[99]

就台灣參與國際組織和外交途徑而言，馬英九取得了一些成功。他因台灣以「中華台北」(Chinese Taipei）名義參與世界衛生大會（World Health Assembly，WHA）、簽署世界貿易組織的政府採購協定（World Trade Organization's Agreement on Government Procurement），以及參與聯合國國際民用航空組織（UN's International Civil Aviation Organization）而備受讚譽。此外，他還為台灣爭取到進入一百五十八個國家和地區「免簽或落地簽」的權利，而在他上任之前只有五十四個。因此，在實行「彈性外交」(flexible diplomacy）政策方面，馬英九被認為表現出色。[100]

然而，由於馬英九試圖實現兩岸和解，使得中華人民共和國得以增強其在台灣的政治影響力，進而嚴重損害中華民國安全和國家團結，在台灣各地引起日益強烈的不滿和批評。當中國媒體讚揚馬英九和他的兩岸政策時，北京繼續對台灣進行廣泛的政治作戰行動和網路攻擊，中華人民共和國的情報行動顯著地擴大。[101]

台灣和中國之間的學術交流，使大量受過高等教育但待業或失業的台灣人前往中國尋找工作，其中包括許多擁有博士學位的人士。由於對如何辨識或抵制中國情報誘因知之甚少，他們成為孔子學院、中國國家安全部、解放軍機構，以及其他為「研究」和「諮詢」

服務提供資金的組織的獵人頭目標。這些學者通常負責報告台灣的經濟、政治、社會問題、安全，以及中共政治作戰界極感興趣的其他議題，這大大增強了北京分化和打壓台灣人民的能力。[102]

詹姆斯敦基金會研究員馬蒂斯將馬英九的統治，描述為台灣與中國情報戰期間的「黑暗十年」。他的報告提到，在馬英九政府期間台灣的「情報和反情報失敗」損害了其聲譽，「並引發了對台灣的懷疑」。[103] 除了對台灣學者和學生的影響，中國的政治作戰和情報操作人員還大幅增加對退休政府官員的接觸，尤其是負責國防、經濟穩定、外交事務，以及其他國家重要職能的軍官和部長級官員。許多人被收買以獲得免費前往中國的機會，並在中國國有企業董事會擔任顧問或董事的高薪職位。[104]

一位要求匿名的中華民國官員表示：「馬英九打開了中國對台灣的滲透之門，因他讓步過多導致了大規模的反彈。」的確，馬英九政府因其親中政策而面臨越來越多的批評和抗議，並很快陷入激烈的國內政策分歧，就像陳水扁政府時期一樣舉步維艱。[105]

二〇〇八年海峽兩岸關係協會會長陳雲林訪問台灣，被許多台灣人視為是推動與中國統一的舉動，並引發了暴力抗議。抗議者在街上投擲汽油彈，據報導有一百四十多名警察受傷。大學生和教授們發起和平靜坐，稱為「野草莓學運」，要求制定更合理的集會法並停止警察的暴力行為。[106]二〇一四年，由學生和民間團體聯盟發起的「太陽花學運」，大規模地抗議馬英九的兩岸貿易政策，部分抗議活動包括學生占據立法院。[107]

二〇一五年十一月，馬英九在新加坡會見習近平，這是中華人民共和國和中華民國元首六十六年來的首次會晤。這次會議被認為是「不平等的」，馬英九被指責犧牲了台灣的民主價值觀並試圖「再中國化」(re-Sinify) 台灣。[108]在他的政府任期結束時，許多台灣人認為馬英九在中華民國和中華人民共和國統一方向上走得太遠，犧牲了台灣的主權和利益。[109]民進黨致力於建立更「台灣」的國家身分，並在二〇一六年總統選舉中獲得壓倒性勝利。兩年後，馬英九因洩露機密資訊而被裁定有罪，違反了中華民國的《通信保障和監察法》，進一步損害了他的政績。[110]

蔡英文總統與「冷和平」

自民進黨候選人蔡英文於二〇一六年一月十六日當選中華民國總統、並於五月二十日就職後，便以「冷和平」（cold peace）定義兩岸關係。民進黨黨綱最終追求主權獨立的台灣，不接受中國的一國兩制原則，也不接受所謂的九二共識。

正如當時在中央研究院工作的黃偉峰博士所解釋的，「冷和平」的基本參數是中國和台灣都實行的一套政策。北京方面已經表示，「除非蔡英文接受中國對『九二共識』的先決條件，否則中國和台灣之間不會有正式或半正式的溝通，台灣不會有國際空間，也不會再有對台灣的『經濟援助』。」而蔡英文則不太願意同意九二共識，因為她當選總統時發表了「一個模糊的承諾，要維持兩岸之間的現狀」。[111]

為了對抗中華人民共和國的宣傳，黃偉峰繼續說，「蔡英文宣布她的政府將尊重一九九二年兩岸兩會及其後所有發展的『歷史事實』；遵守《中華民國憲法》，實施現有的兩岸條例和協議，就像之前的政府所做的一樣；並建立一個『一貫性、可預測、不挑釁』的與中國大陸互動框架。」她還表示，對中國的善意不會改變，而且她之前的承諾不會改變，不會屈服於中國的壓力，也不會回到兩岸對峙的舊模式。[112]但中共對這些保證並不滿意。

因此，中國和台灣之間的兩岸關係已陷入僵局。公共部門的溝通管道中斷，私人部門的交流減少，同時中國國務院台灣事務辦公室與台灣大陸事務委員會，以及台灣海峽交流基金會與中國海峽兩岸關係協會之間的官方和半官方管道也都中斷。中國隨後的策略是通過各種統一戰線和其他政治作戰行動，對蔡政府施加外交、經濟和軍事的壓力。中共的目標是迫使台灣實現政權更迭，或者促使蔡政府承認自己錯誤地挑釁中國。113

二〇一八年期中選舉干預

二〇一八年十一月，民進黨在台灣舉行的期中選舉中，於地方選舉遭遇重大挫敗，國民黨意外地在台灣三個人口最多的城市贏得市長選舉。蔡英文遂辭去民進黨黨主席職務，但仍然擔任台灣總統。

雖然導致這次選舉結果的政治議題多元且複雜，但正如《華盛頓郵報》記者羅金（Josh Rogin）在文章中指出，中國對台灣選舉「大規模且成功的干預」，無疑有助於影響選舉結果。北京方面開展一場大規模的宣傳和社交媒體運動，散布假新聞以傷害蔡英文政府，「這座島上的二千三百萬人民透過臉書、推特和網路聊天群組，被灌輸反蔡英文和反民進黨的內容，這些內容由中國花錢僱用的『五毛黨』(即網軍）發表散播。」114

在中華民國國家安全局和軍事情報局的指揮下，針對中共透過社群媒體操弄輿論，以及非法資助反對蔡英文和民進黨的台灣候選人等指控進行調查。然而，中華民國官員在選後的幾次討論中承認，洗錢和社群媒體操弄輿論很難證明，且調查本身非常耗時。[115]

民進黨官員承認的另一個問題是，蔡政府在執政初期未能及早教育台灣民眾有關中國政治作戰的相關知識。一位知情的官員表示：「直到二〇一八年九月，民進黨才開始購買關於『假新聞』和中國影響力行動的廣告。」當時，一些人認為這些指控只是選舉手段，許多台灣人對這些廣告持懷疑態度。更有部分購買廣告以抗議政府政策的人，將「慎防假新聞廣告」視為對他們「抹紅」的不實攻擊。[116]

羅金指出，在選舉後，中國宣傳機構和北京的同情者「指責蔡英文的失敗正是她對中國的強硬立場不得人心且錯誤的證據」。[117] 這些宣傳平台還將選舉結果描繪成自二〇一六年民進黨當選以來，習近平孤立台灣並削弱台灣國際地位策略的合理化理由。[118]

更加不祥的是，在二〇一九年一月二日，習近平在一場首次專門討論台灣問題的演講中，語氣十分強烈地具威脅性。在蔡政府於元旦談話呼籲中國必須以「和平對等的方式」解決台灣問題的一天後，習近平宣稱：「國家強大、民族復興、兩岸統一的歷史大勢，更是任何人任何勢力都無法阻擋的……我們不承諾放棄使用武力，保留採取一切必要措施的選項……」[119]

二〇二〇年的總統大選干預

在台灣二〇二〇年一月十一日的總統及國會大選之前，中國因為干預台灣二〇一八年期中選舉取得的成功而變得更有信心。北京方面對其支持的候選人、時任高雄市市長的國民黨候選人韓國瑜的當選抱有很高期望。然而，這是一個虛幻的盼想。

根據二〇一九年十月全球台灣研究中心的報告，在二〇二〇年選舉前，中國除了使用標準的軍事恫嚇外，還採用其他「對美國來說更為陰險且知之甚少」的干預選舉工具。這些工具包括僱傭幫派集團、利用新媒體和傳統媒體，以及在「基層選區、學校、農會、宗教組織、家族宗派，甚至原住民部落」中，建立類似「統戰」的滲透網絡。[120]

儘管如此，在台灣的第十五屆總統選舉和第十屆立法委員選舉中，蔡英文和她的競選搭檔賴清德以壓倒性優勢贏得總統選舉。他們獲得了刷新紀錄的八百一十七萬票及五七．一三％的得票率；而由韓國瑜和張善政領導的國民黨則獲得三八．六一％的選票支持，票數相差近三百萬票。[121] 台灣是華文世界唯一的自由民主國家，台灣人民在蔡英文於二〇一八年地方選舉的慘敗後，再次支持蔡英文總統連任四年。更重要的是，蔡總統所屬的政黨仍保有立法院的多數席位。

韓國瑜競逐總統職位前的聲勢崛起，看似是中國政治作戰成功的故事。他曾是一名沒沒無聞的立法委員、一名失業的丈夫，以及一家農產運銷公司的總經理，且有著「不光彩的私生活」。然而，在二〇一八年，他受益於一場「顯然由中國機構策畫，由台灣親中大亨資助的壓倒性媒體運動」，當選了台灣第三大城市——高雄的市長，而高雄在過去一直是民進黨的堅實堡壘。為支持他的市長競選，廣播和社交媒體被大規模使用。數月來，由親中商界派系控制的當地媒體電視台，「據稱向當地的餐館、旅館和其他熱門場所支付費用……一周七天、一天二十四小時地播放旗下頻道，並利用演算法在社交媒體上進行類似傳播。」[122] 作為中共更廣泛的假訊息和脅迫運動的一部分，這種透過廣播和社交媒體等類似手法，將韓國瑜推上了國民黨二〇二〇年總統選舉候選人的位置。[123]

二〇一九年十二月三十一日，也就是選舉前十一天，台灣立法院通過《反滲透法》以幫助打擊選舉假訊息。[124] 類似於美國的《外國代理人登記法》（*Foreign Agents Registration*

Act），這項法律對暗中代表中國行事的組織和個人進行處罰。[125] 然而，選舉前發現的中共選舉干預方法中，包括利用「網路內容農場」、YouTube，以及在台灣重要的鄉村中散布線下謠言。根據專門研究這類選舉干預、台北大學犯罪學研究所助理教授沈伯洋的說法，擁有中共背景的社交媒體新聞機構主要位於中國大陸，其他地點包括香港和馬來西亞。[126]

作為政治作戰行動的一部分，中國採取的其他步驟，包括使台灣的媒體環境更親北京。中華人民共和國的代理人，「悄悄地付錢給五家台灣新聞機構發表文章，將中國描繪成一個將為台灣帶來繁榮機會的地方。」影響選舉的另一個攻擊方式為外交脅迫。在蔡英文的第一個總統任期內，中國「從台灣僅剩的幾個外交夥伴中挖走了超過半打。其中，吉里巴斯（Kiribati）和索羅門群島（Solomon Islands）兩個國家，直到二〇一九年九月才改為承認北京而非台北。」中國的一個宣傳機構威脅說，如果蔡英文連任，北京將切斷台灣所有剩餘的盟友關係。[127]

新冠肺炎大流行的戰場

當新冠肺炎病毒首先襲擊中國、然後波及全球時，北京利用這一病毒加大了對台灣的軍事和外交壓力。台灣對應新冠肺炎威脅的表現非常出色，忽略了世界衛生組織和北京虛偽保證的不正確訊息，台灣政府展現一切都在掌控之中。蔡英文政府採取了「早期和積極的措施」，這些措施是從二〇〇三年的嚴重急性呼吸道症候群（SARS）爆發中所學到的經驗，對阻止病毒傳播非常有效。[128]

自新冠肺炎大流行以來，北京的政治作戰機構利用對世界衛生組織和全球宣傳網路的強大影響力開展行動。根據美中經濟暨安全檢討委員會達姆尼亞諾維奇（Anastasya Lloyd-Damnjanovic）的說法，中國在世界衛生組織內的影響力排除了台灣的會員資格。達姆尼亞諾維奇聲稱，「世界衛生組織官員一直忽視台灣就病毒訊息交換和分享遏制病毒的最佳作法和努力。」[129]隨後，美國和友台國家努力讓世界衛生組織邀請台灣參加二〇二〇年世界衛生大會，卻遭到中共無情的宣傳反擊。中國《環球時報》等宣傳機構抨擊美國和台灣「將健康問題政治化，謀求永遠不會成功的分裂主義議程」。[130]《中國日報》指責台灣被排除在世界衛生大會之外，是因為台灣拒絕接受一國兩制。[131]

與此同時，北京透過一系列軍事演習加大了對台灣的脅迫和恐嚇力度，這些演習是在全球因新冠肺炎分散注意力的情況下進行的，以作為對台灣多方面施壓行動的一部分。[132]

中國軍機在二〇二〇年初三次越過台灣海峽中線，而在二〇一九年只有一次。這些越線行為表明了軍事壓力的「急遽升級」。[133] 中國人民解放軍還參加了二月分為期兩天的聯合空中和海上演習，包括繞島的「背靠背」演習；四月，一艘中國航空母艦遼寧號和隨行的戰艦群逼近台灣海域。[134]

與此同時，中共在二〇二〇年五月十日，利用外國出版物製造不確定性和擔憂，聲稱北京可能會透過推動「狂熱民族主義」運動，在這個有利時機點侵略台灣。香港英文報紙《南華早報》（*South China Morning Post*）的頭條標題為：「社交媒體上出現強烈呼籲，要求北京趁著全球忙於冠狀病毒危機無暇他顧時出手，但觀察人士認為中國當局不會倉促行動。」[135] 北京進一步強化了這一政治作戰策略，《環球時報》在五月二十三日的報導中特別強調，經過三十年的宣揚「和平統一」，中共政策不再要求統一一定要是「和平的」，同時軍事力量仍然是「最壞情況下的最終解決方案」。[136]

下一章將描述一些當代的政治作戰行動，這些活動旨在實現中共對台灣實體和政治控制的目標。

第八章

中國試圖全面滲透台灣的目標、策略與戰術

台灣同胞，我的骨肉兄弟。
除了持續的軍事威脅外，自1950年代中期以來，北京不時採取較為溫和的方式，以實現與台灣的和平統一。這張1976年的海報反映了統一戰線工作部門的策略，強調中國人和台灣人是一家人，是血脈相連的。

與第六章討論泰國一樣，以下分析將檢驗中華人民共和國對中華民國台灣的政治作戰行動。

中國對台灣進行政治作戰的目標和策略

中國的主要目標是將台灣納入北京的控制，使其成為一個省分或特別行政區，以實現「統一中國」。中期目標包括實現政權更迭，確保台灣經濟和外交的努力失敗等。中國採用多種策略來實現其目標，例如利用統一戰線行動和聯絡工作、暴力、經濟壓力、軍事威脅和外交手段，以分裂台灣社會。

儘管中國近年來試圖「贏得台灣民眾的心」，以實現其希望的「中國統一」，但並未成功。全球台灣研究中心的寇謐將寫道，中共現在「放棄了『贏得民心』的策略」，而是「加大努力來侵蝕和破壞台灣的民主機構，製造社會的不穩定，進一步在國際上孤立台灣，並藉由吸引台灣的人才來削弱台灣的經濟」。[1]

中國對台灣政治作戰的預期結果

最終，北京尋求顛覆台灣的領導層，使民眾士氣低落，並摧毀台灣主權地位，以至於台灣若不是自願加入中國，就是內部變得虛弱，無法抵禦軍事攻擊。具體來說，中華人民共和國希望實現以下結果：

- 台灣被併入中國，完全受中共的控制，從而實現中華人民共和國主席習近平的「中國夢」，即實現國家統一。
- 中共最終依照自己設定的條件解決中國內戰，摧毀中華民國此一政治實體。
- 人民解放軍利用台灣的自然資源和戰略位置，以及其國防技術、專業知識和人力資源，以加強中國對南海的控制，並支持中國大陸的防禦。同樣重要的是，台灣為中國提供了地區軍力投射平台，以突破第一島鏈的束縛，進入太平洋。
- 美國在該地區的影響力受到了嚴重、甚至是致命的損害。
- 台灣的民主政體對中共政治權威構成生存威脅，將受到貶抑並被有效摧毀。
- 中國實現無可挑戰的政治、軍事、經濟、外交和文化主宰，始於台灣，最終實施於全世界。

中國針對台灣政治作戰的主題和對象

中國對台灣的政治作戰的主題，是強調中國和台灣人民之間眾多的經濟和文化聯繫，包括以下內容：

- 只有一個中國，台灣海峽兩岸都屬於中華人民共和國。
- 中國和台灣人民是一家人，應當重新統一。
- 台灣的分離主義立場注定會失敗。
- 現在加入中國是最好的選擇，因為中國目前處於最強大的時期，而台灣在經濟上停滯不前、政治上分裂，而且外交上被孤立。
- 中國強大，而美國處於衰弱和不可靠的狀態。
- 台灣和美國試圖讓台灣重返世界衛生組織和世界衛生大會的計畫注定會失敗。

中國政治作戰對台灣的主要對象包括：新聞媒體、商界社群、政府官員、軍事領導、學者、退休的公務和教職人員、高中校長和各個領域的其他菁英。次要對象包括：有影響力的社交媒體使用者、幫派集團的首領和成員，以及談話節目電台、廣播站的擁有者；而第三對象則包括：普通台灣人民和學生。

中國對台灣政治作戰的工具、戰術、技巧和程序

中國在台灣的政治作戰使用了多種工具、戰術、技巧和程序，這些工具和戰術在本書的前四章中已經討論過。其中包括：統一戰線行動、三戰（輿論／媒體戰、心理戰和法律戰）、宣傳、外交脅迫、假訊息、學術滲透、商業合作以及扶植（親中）政黨等。

中國目前對台灣的政治作戰策略，包括：統一戰線戰術、經濟和政治壓力、軍事威脅、藝術和文化，以及迫使台灣屈服的積極措施。北京對台灣發動政治作戰行動，旨在破壞中華民國政府，壓制尋求台灣獨立的政黨和組織。此外，也招募主張台灣與中國大陸統一的台灣和外國政治家。[2] 中國還利用軟實力手段，如公共外交、公共事務、公共關係、教育交流和文化活動。

積極措施包括：公開暴力、網路戰、利用幫派集團、間諜活動、顛覆、勒索、欺騙、強迫審查和自我審查，以及資金上「胡蘿蔔加大棒」的作法、賄賂與收買曾經合法的新聞機構。最後，中國還利用低於戰爭門檻的軍事行動來進行戰爭之前的政治作戰行動，例如在台灣海峽進行的解放軍實彈射擊訓練、解放軍海軍穿越台灣海域，以及解放軍空軍飛越台灣領海。

以下將詳細檢驗一些最重要的中國政治作戰行動和活動，特別是在統一戰線行動、親中學者和大學滲透、外交封殺、經濟戰、犯罪集團合作、扶植（親中）新政黨、軍事威嚇和支持解放軍，以及侵略性網路行動、充分利用台灣的新社交媒體環境。

統一戰線

中國對台灣的統一戰線行動極為廣泛且非常複雜。它們支持分裂台灣社會的策略，試圖透過「在台灣散播分歧」並「引誘台灣人民支持親中思想以及與中國統一」。[3] 根據全球台灣研究中心執行長蕭良其所說：二〇一五年，中共「頒布了一份重要的《統一戰線工作條例》」，這是「首度正式發布、全面管理統一戰線工作的規定。更重要的是，它試圖將這項工作制度化、規範化並建立規程來監管這項工作」。該條例明確將「台灣的統一」與「中華民族的偉大復興」和「中國夢」的目標相連結。[4]

中華民國政治作戰學校的資深幹部，也提供了有關中國對台灣的政治作戰目標的具體見解。他們表示，有關台灣和其他海外國家的統一戰略不同，包括贏得對中共政策的支持、增加中共影響力和蒐集情報。[5] 具體而言，中共的統一戰線工作部在「與海外華人建立政治和商業關係、帶來投資和研究利益，（以及）幫助中共塑造外界對中國的看法」方面發揮作用。[6] 中共的統戰機構努力吸引海外華人同鄉會、學生協會和其他組織加入他們的網絡，同時試圖擴大對外國政治家、學者、商界領袖和記者的影響力。

中共的《統一戰線工作條例》明訂，統戰部門對台灣的主要任務包括：

- 貫徹執行黨中央對台工作大政方針。
- 堅守一個中國原則。
- 反對台獨分裂活動。
- 廣泛團結海內外台灣同胞，發展壯大台灣愛國統一力量。

・不斷推進祖國和平統一進程，同心實現中華民族偉大復興。[7]

中華民國政府估計，中共每年在台灣的統戰招募工作上花費超過三・三七億美元，還可能存在額外的「隱性資金」。[8]據《台北時報》（*Taipei Times*）指出，中共使用經濟激勵措施囊括「地方鄉鎮、年輕人和學生、台灣的中國籍配偶、原住民、親中政黨和團體、宮廟、保有中國血統的華人後裔、勞工團體、農民和漁民協會以及退伍軍人」。[9]舉個例子，北京獎勵了八位接受「九二共識」的國民黨縣市長，承諾迅速派遣中國遊客到他們執政的縣市旅遊，並派遣中國代表團購買其縣市的農產品。另一種方法是任命知名的台灣出生人士，擔任中共諮詢委員會等具有影響力的統戰政治諮詢機構委員。

根據邁阿密大學（University of Miami）教授金德芳的說法，「統戰部贊助台灣學生、他們的老師和校長，前往中國進行『交流』之旅，中國一些最負盛名的大學提供獎學金給他們，並為許多在台灣找不到工作的博士畢業生提供就業機會。」統戰部還在中國創立一個學生棒球聯盟，球員在一幅大型橫幅的背景下比賽，橫幅上面寫著「兩岸一家親」。統戰部尤其針對台灣的「天然獨」世代，這些人「在台灣解除戒嚴令後長大成年，沒有生活在中國的記憶，成長於民主體制下，認為國家已經獨立，因此沒有宣布獨立的必要性」。[10]

對於影響中華民國軍事的統一戰線行動，具有非常多方面的特點。以各種方式吸引前中華民國軍官支持中華人民共和國的目標，包括：商業機會、對共同民族遺產的呼籲，以及一九四九年國共內戰結束時被迫分開的家庭關係。例如，二〇一七年的第五屆海峽兩岸將軍「連緣」文化節，是一次中華人民共和國退役軍事將領和中華民國的退役軍事將領之間的會議，揭示了進行政治作戰行動所使用的許多不同管道。

統一戰線行動得到許多中華人民共和國組織的支持，包括解放軍軍隊和軍屬關懷基金會、中國將軍網絡、中國連姓宗親會、福建省閩台交流協會、兩份日報、一個台灣團體以及中華民國協會。蕭良其指出，這些活動的主辦單位通常是國務院台灣事務辦公室或其他與台灣有關的政戰組織。[11]

與中國國際友好聯絡會相關的中國眾多統一戰線組織已經足夠令人生畏，但中國大陸統一戰線所涉及的其他組織名單，對於那些沒有詳細了解它們之間眾多相互關係的人來說，既冗長又令人困惑。例如，寇謐將描述了由中國能源基金委員會構建的廣泛影響網絡，這是一家在香港註冊的非政府組織，自稱是智庫，基金會由中國人民解放軍聯絡部門關聯的前資深官員領導。中國能源基金委員會與各種前沿組織、外國政府以及聯合國合作；間接地，中國能源基金委員會組織了涉及台灣學生、學者、藝術家和宗教界人士的項目和節日。寇謐將的報告指出，中國能源基金委員會與親北京的「旺旺中時媒體集團」和支持統一的佛光山文教基金會合作，贊助針對大學生的親中項目。[12]

中共還使用統戰代理組織來傳播「假新聞」。蕭良其寫道，台灣的民主社會使其容易受到此類攻擊：「觀察人士們注意到，與中共統一戰線工作部門相關的代理組織滲透台灣民間社會的活動令人不安地增加，而這些統戰組織可能被用來傳播假訊息。」[13]

「紅色學者」和大學滲透

中共對台灣的統戰行動，以及對全球的類似行動，強烈地瞄準了學術界。[14] 根據我在台灣學術機構的個人經驗，以及與台灣國安官員和特定學者進行的討論，顯然台灣的主要大學已經受到已加入中共統戰行動學者的嚴重影響。這些支持中共的學者被戲稱為「紅色學者」，因為他們不再被視為支持中國國民黨的「藍營」，或者支持民主進步黨的「綠營」，實際上已經成為「紅色」中共的影響代理人。[15] 這些「紅色學者」對台灣的未來構成嚴重威脅。[16]

有些親中學者公然貶低台灣的民主，吹捧中華人民共和國的極權體制，對未來即將成為教師、教授、外交官、法官、律師、立法者、軍官和政策制定者的學生們進行洗腦。我親眼目睹過紅色學者的行為，並聽學生詳細描述這些教授如何進行宣傳和打壓他們的學生，如何定期禁止討論中共認為敏感的話題，以及在討論敏感議題時使用中共的教條術語。一些被滲透的教授鼓勵有意成為中華民國外交官和軍官的學生「不要為這個政權服務」，而是等到與中共統一後再考慮，他們斷言「這些想法將在未來幾年內實現」。學生們無法舉報這一情況，因為他們認為沒有哪個有權者會追究這些問題教授的責任，而學生本身可能會因為被給予差評和其他形式的報復而輕易毀了他們的學術生涯。[17]

許多學生在匿名的情況下解釋，儘管這種言論讓他們感到士氣低落，但他們會試圖忽略它。然而，他們的個人經驗可能無法反映一般學生們，對每天幾乎在課堂上出現的親中宣傳的免疫能力。

台灣教授和其他掌管學術機構的官員經常應邀前往中國，進行中國全額資助的訪問。根據與國安官員，以及一些接受中國邀請、但對當地試圖拉攏他們感到困惑的教授們的討論，可以看出一些趨勢。首先，學者有時需要短時間內前往中國進行會談，以便在那裡停留數周。其次，參加中國的「會議」和「國家統一諮詢」的學者，通常會得到在「統一的」中國學術機構中擔任學術職位或其他獎勵的承諾。他們還會獲得資金以用於會議、研究和旅行，資金是經由各種名義提供的，如智庫和基金會。最後，一些學者報告稱他們在中國被提供「娛樂」……通常是性招待，但也包括其他引誘物品……以及其他好處，有可能在某些情況下落入陷阱。[18]

回到台灣後，這些教授許多成為「被中國制約」的典範。如新加坡前外交部次長考斯甘所描述，他們已經屈從於說服、誘導和（或）脅迫，會自行思考和行事，「以便自願地按照『中共』的要求做事且不必被明白告知」。[19] 這些被滲透的學者永遠不會公開批評中國，因為他們害怕失去中國日後提供旅行、資金和學術交流的機會。他們還害怕被台灣的合作學者或中國學生向北京報告，因此即使是對中國最輕微的批評也會避免。[20]

我多次在學術會議和論壇上見證了這種作法。通常情況下，場景大致如下：被滲透的學者熱情地批評台灣總統蔡英文的政權，以及其他由民主選舉產生的國家領導人，如日本首相安倍晉三或美國總統川普。他們還會批評民主制度或南海仲裁法庭的裁決，以符合當前中國宣傳的論述。但當他們的事實錯誤、虛偽或誤導被公開糾正後，這些學者就沉默了。當他們被要求用合理的理由批評中共的極權本質和歷史，或質疑他們缺乏智慧、誠實和道德勇氣，因為未能捍衛民主和揭示極權壓迫時，這些學者會避免眼神接觸而看著桌子。他們無法回應，因為這樣做會迫使他們批評中國；而他們知道，任何對中國的批評，無論多麼輕微，都會被其他親中學者或告密者向北京舉報。

親中教授們也拒絕直接和公開地談論北京認為禁忌的話題，比如中國對西藏的非法占領、在新疆東突厥斯坦地區的集中營、中國對公民權利的殘酷壓制和警察國家的審查、中國對南海的非法占領，以及中共的極權和法西斯主義性質。他們避談這些主題使得中國的審查制度在台灣不斷擴大其影響，將更多新的話題納入禁忌之列。

台灣的中國學生也參與並受到中國政治作戰的影響。自二〇一七年開始，北京政府因懲罰蔡英文政府而限制赴台就讀的中國學生，人數減少多達五〇%；而在二〇二〇年一月新冠肺炎爆發大流行後，幾乎沒有中國學生被允許返回台灣。然而，這些中國學生對台灣的教育機構產生巨大影響。[21] 他們是傳遞中國政策和宣傳的主要管道。此外，這些學生及其在台灣的中國學生學者聯合會，甚至恐嚇和脅迫他們的教授和同學們。[22]

中國在台灣進行政治作戰的另一個途徑，涵蓋了在中國就讀的台灣學生。據中華民國教育部統計，約有一萬名台灣學生在中國就讀，而在新冠肺炎大流行之前，約有九千三百名中國學生在台灣就讀。北京近年簡化了台灣學生前往中國大學的流程，台灣高中畢業生只需出示及格成績即可申請[23]；相比之下，過去只有成績優秀的學生或來自中國的台灣國際學校的學生才能申請赴中就讀。比起被以高薪工作和學術地位利誘到中國的台灣學者與其他人，這些台灣學生通常無法應付不懈的宣傳和其他形式的不良勸誘，因此更容易受到影響。[24]

外交封殺

根據蕭良其的說法，「中國正在發動一場日益加劇的政治作戰行動，旨在通過壓縮台灣的國際空間來孤立台灣。」北京用了很大的努力，透過脅迫或賄賂外國政府與台灣斷交，剝奪台灣的國際空間。[25]二〇一八年春季，多明尼加共和國（Dominican Republic）和布吉納法索（Burkina Faso）與中國建交；同年八月，薩爾瓦多（El Salvador）中止了與台灣的外交關係。[26]此外，巴拿馬（Panama）、聖多美普林西比（São Tomé e Príncipe）、索羅門群島和吉里巴斯也陸續與台北斷絕關係，目前只有十五個國家與台灣保持正式外交關係。*[27]

中國也向各國施壓，要求它們將台灣趕出國際組織，例如世界衛生組織的最高管理機構——世界衛生大會，以及國際民用航空組織；台灣在世界經濟論壇（World Economic Forum）的名稱也從「中華台北」被改為「中國台灣」。[28] 在某些情況下，北京政府威脅外國公司，除非他們從網站上刪除台灣，否則將面臨嚴重後果。此外，在聯合國採取的某些政策中，台灣公民持有中華民國護照被禁止進入紐約市和瑞士日內瓦的聯合國設施，這可以被視為一種奇怪和虛偽的政策。據台灣駐瑞士伯恩代表處表示，這些台灣公民必須透過中華人民共和國大使館獲得許可，即使是涉及國際人權問題也不例外。

最後，黃偉峰博士寫道，據稱在肯亞、柬埔寨、馬來西亞和越南被指控犯罪的台灣人「會被驅逐出境（或被綁架）到北京，而不是台灣，這顯示了北京政府所謂的『一國兩制』政策下對台灣司法權力的控制」。他得出結論，此類事件旨在「懲罰」民進黨政府，「因為它不願接受所謂的『九二共識』」。[29]

* 編按：至二〇二四年四月，中華民國邦交國為十二個。除內文提及的七國外，之後還先後與尼加拉瓜（Nicaragua）、宏都拉斯（Honduras）及諾魯（Nauru）斷交。

經濟政治作戰

透過經濟戰，中國試圖製造政治問題以確保蔡政府的經濟策略失敗。中國已經阻擋了台灣的一些貿易轉向措施，如與澳洲的自由貿易協定，並大幅減少了允許訪問台灣的遊客和購買台灣產品的代表團數量。此外，中國還利用台灣內部的分歧，透過與台灣南部農民合作，直接購買更多產品以影響二〇一八年選舉。由於台灣大部分貿易都與中國有關，中共特別關注台灣的商界人士。那些支持有利於中國政策的人會受到特殊待遇，並被任命為中國組織的成員，而那些不支持的人則失去發展機會。此外，中國國務院台灣事務辦公室會邀請年輕的台灣人在中國創業。[30]

幫派集團

中國政治作戰工具箱中的另一項武器，是利用幫派、商業和政治組織對抗台灣，中華民國前總統李登輝曾談到這一挑戰。幾位接受我訪談的中華民國政治作戰官員表示，中國在台灣的統戰工作包括：資助有組織的犯罪活動，以激化族群衝突並動搖社會穩定。

台灣的新聞媒體報導，竹聯幫和另一個幫派組織四海幫都受到中國國家安全部的「影響甚至直接控制」。據稱，中國國家安全部設有「福建廈門對台辦外聯辦事處」，該辦事處旨在控制台灣的黑幫，並招募台灣黑幫成員，為中共的利益服務。[31]

除了提供政治恐嚇的支持外，幫派組織還被指稱是「中國政府提供約新台幣三百五十億元的資金支援親中黨派，以運作宣傳組織和政治選舉，試圖顛覆二〇一八年台灣九合一選舉」的主要管道。他們還被指控「招募年輕人參加政治集會……支付每位參與者新台幣一千元，條件是穿著促統政黨的背心並攜帶中國五星旗」。[32]

新黨與準軍事青年協會

除了有組織的幫派和政治協會外，中國還試圖在台灣建立一個政黨——「新黨」，以及相關的青年準軍事組織。金德芳指出，二〇〇五年時，有超過二十名來自國民黨和民進黨的台灣政治人物，他們由於在各自政黨中被邊緣化，因此被邀請「擔任一個新的、親北京政黨的中央委員會成員」。

中國異議學者袁紅冰所著的《台灣大劫難》一書中證實，「二〇〇八年六月，中共中央政治局擴大會議通過的《解決台灣問題的政治戰略》，更把籌建台灣社會民主黨列為政治統戰工作最重要的內容之一。」金德芳評論，「新黨宣揚與中共遙相呼應的政策，在台灣法律下是合法的。」新黨也被指控成立一個名為「新中華兒女學會」的準軍事青年組織，其目標是在「戰時控制台灣」。[33]

軍事恫嚇和混合型戰爭

統戰部和解放軍的戰略焦點是操縱國際對「一個中國」的看法，並破壞台灣的國際合法性，同時「分解」中華民國的抵抗意志。根據《華盛頓郵報》專欄作家伊格納西斯（David R. Ignatius）的觀點，這種軍事和政治作戰能力的結合是中國的混合型戰爭基礎，他強調「傳統軍事衝突可能是台灣最不擔心的事情」。原因是什麼？伊格納西斯認為，「混合戰爭比傳統軍事襲擊更經濟，對台灣這樣開放的、民主的社會來說更難抵抗。」同時，這也是台灣專家們正在努力理解和應對的挑戰。[34]

軍事恫嚇旨在物理上和心理上消耗對手的軍隊和平民。雖然自二〇一六年蔡英文政府上台以來，中國對台灣不斷的軍事威脅已在前一章中詳細說明，但近年共軍的組織變化對中國解放軍針對台灣的政治作戰貢獻產生重大影響。

中國於二〇一六年二月成立的解放軍東部戰區，取代了原有的南京軍區，對中共在台海安全局勢中是一個重要的里程碑。然而，甚至在解放軍東部戰區成立之前，解放軍已經在南京軍區建立了聯合指揮部，以提供在涉及台灣的作戰情境下更好的指揮和控制。二〇一五年十二月，中共中央軍事委員會成立一個負責掌控陸海空軍聯合作戰的總指揮部，並為每個「戰區」建立聯合作戰指揮結構，其中包括南京軍區。[35]

解放軍東部戰區在指導針對台灣的政治和軍事脅迫方面發揮著重要作用，並且重新組織成更為擴大的戰區指揮部，增加了其作戰能力。除了解放軍陸軍、海軍和空軍部隊外，解放軍東部戰區在安徽、福建、江蘇、江西、浙江軍區以及上海駐軍的範圍內，皆具有包括政治作戰在內的執行權。這顯示中共將軍事因素納入了針對台灣的政治作戰策略中，利用軍事恐嚇和武力威脅作為其脅迫戰術的一部分。[36]

中共對台灣的許多政治作戰行動，都由解放軍政治工作部的福州三一一基地指導，石明凱和蕭良其稱該基地位於「對台灣應用心理戰和宣傳戰的最前線」。[37]與北京的政戰機構統一戰線工作部（由公開和表面上的民間單位組成）的龐大網路合作，三一一基地在解放軍對台灣的『脅迫勸降』行動中扮演核心角色。寇謐將的報導提到：「作為副軍級組織，三一一基地的地位大致相當於六個針對台灣的常規飛彈旅，並積極參與解放軍的網路作戰。」[38]

台灣新社交媒體環境中的政戰威脅

蕭良其寫道，「新訊息和通信技術將中國大陸的宣傳和假訊息放大到前所未有的程度……社交媒體的病毒式傳播使其成為宣傳和假訊息的有效工具。」[39]

據蕭良其稱，台灣是全球網路使用率和智慧型手機普及率最高的國家之一，並擁有一個充滿活力的訊息和通信技術行業，也是亞太地區擁有最快網路速度的國家之一。台灣最受歡迎的社交媒體平台包括臉書、LINE、YouTube和PTT。中共利用這個廣泛的社交媒體網絡，以各種方式散布宣傳和假訊息，作為其對台灣的影響力作戰的一部分。[40]《台灣英文新聞》（*Taiwan News*）華武傑（Keoni Everington）寫道，「中共長期以來一直將台灣視為其網路戰技術的試驗場，僅在二〇一七年就有每月平均十萬次的網路攻擊。」據報導，中共還建立了自己版本的俄羅斯「網路水軍工廠」，該工廠利用社交媒體平台影響外國輿論和事件。[41]

支持中共「網路水軍工廠」的是解放軍戰略支援部隊，負責進攻性和防禦性的網路任務、情報行動和技術偵察。據報導，解放軍擁有約三十萬名士兵服役於戰略支援部隊，而被指控有超過二百萬名成員屬於「五毛黨」，他們操縱輿論並攻擊中共的批評者和其他目標，以支持中共。[42] 根據中華民國國家安全局的說法，中共的作法是「在台灣傳播假訊息，重點在關注兩岸關係、軍事防禦和蔡政府政策執行等問題。」首先，中共國營媒體發布有關這些話題的假新聞故事。接下來，解放軍的網路士兵和「五毛黨」成員透過臉書、LINE、YouTube 和 PTT 散布假訊息。[43] 特定技巧包括「散布虛假影像，希望會在台灣的傳統媒體中傳播並引起關注。」例如，一張展示中國轟炸機飛越台灣玉山附近的圖像被發布在社交媒體上，顯然是一種心理戰術，其目的是「在台灣民眾心中灌輸恐懼感」。在台灣國防部澄清否認該圖像的真實性之前，這張照片在社交媒體上被廣泛分享。[44]

中國還在社交媒體平台上使用假訊息和宣傳，藉由影響台灣進行的年金改革等政策辯論，以引起社會不穩定。蕭良其寫道，台灣的 LINE 和其他平台的用戶「發現了大量假訊息和網站，上面聲稱中央政府計畫對退休人員實行嚴格的限制」，迫使中華民國政府迅速發表聲明否認這一指控。[45]

蕭良其還指出，中國已經在新社交媒體時代重啟了另一個「久經考驗的戰術」：故意隱瞞或歪曲台灣官員或前官員的言論，「以玷汙（前）台灣官員的聲譽或誤導讀者認為該人支持中共持有的特定政治立場」。中國國內和香港的媒體都利用這些戰術來攻擊中華民國的退休將領、國家安全官員、立法委員，甚至娛樂界人士。46

此外，中共藉由電腦宣傳，通常以社交媒體、內容農場和機器人的形式，「讓台灣的資訊空間充斥著親北京的政治宣傳。」寇謐將認為，「計算機演算法的宣傳使北京得以介入台灣國內的政治戰場，以至於各種（假）訊息活動不再僅僅歸因於國民黨和其他泛藍勢力。」他解釋道，中國的假訊息工作最近開始與「反對改革的反對派立法委員和公民團體的傳統封鎖行動重疊」，其中包括「反對年金改革、政府計畫限制宮廟大量燒香和金紙，以及抗議蔡政府的前瞻基礎建設計畫」。47

最後，需要注意的是，在台灣使用中國的網路平台微信（WeChat）。微信結合了臉書、WhatsApp 和 Skype 的多種功能，是華語世界中最大的新聞和通訊網路平台，僅在中國就有五億用戶。它由中國網路公司騰訊擁有和運營，據報導其與中國的國家安全機構密切合作。因此，微信與中國的宣傳機構合作，追蹤可能的異議人士的通訊，並審查被認為對中共和其世界觀不利的內容、評論和網路連結。由於許多台灣公民使用微信，中國安全機構的長臂管轄能夠審查台灣境內的通訊。[48]舉一個例子，到二〇二〇年三月，微信透過將與冠狀病毒有關的五百多個關鍵詞封鎖，協助中國的全球新冠肺炎宣傳運動，並被發現有能力識別「某些用戶並建立有關他們的檔案，向中共的跨國鎮壓機構提供訊息」。[49]

同樣令人不安的是，中共使用微信和其他社交媒體平台作為統戰武器，動員中國國內外的人群組織街頭抗議活動，這在美國城市的重大示威活動以及加拿大校園言論自由的學生抗議中都有證據顯示[50]。如果微信尚未用於協調統戰和台灣的其他政治作戰行動，那麼微信在北美洲用於此類目的的行動，可證明社交媒體平台在中國對台灣的政治作戰行動中可被運用的潛在有效性。

第九章

結論與建議：如何對抗中國的政治作戰行動？

1961 年，在上海黃浦江沿岸掀起了一波反美情緒的怒潮。這幅海報描繪了中國人民在上海外灘地區舉行的示威活動，抗議美國資本主義和美國軍隊。

寫下這本書的目的是為了仔細研究中國的政治作戰，以為美國及其夥伴和盟友的生存威脅提供建議。正如在冷戰期間所顯示的，如果美國能展現出打擊的強度和領導力，美國的夥伴和盟國將會跟隨。

中國的政治作戰行動包括一系列持續不斷的策略、戰術、技術和程序。然而，各國政府對這些攻擊的反應各不相同，正如本書對兩個國家的個案研究所反映的那樣。例如，泰國的統治當局似乎願意接受中國的影響力行動，並不尋求公開對抗或揭露它們。這種作法基於泰國獨特的歷史、地理、商業關係，以及與中國有關的政治現況。然而，中國的政治作戰明顯有可能可以限制泰國的主權和其在歷史上為了保護國家利益的靈活性。

另一方面，台灣政府清楚意識到中國的政治作戰行動，對其作為一個自治的、充滿活力的民主國家的存續所構成的生存威脅。由於許多歷史、政治和族群原因，台灣在應對這一威脅方面面臨著外部和自我施加的限制。儘管台灣在有限的操作空間內試圖抵抗中國的政治作戰，但台灣仍未能制定一套全面的應對威脅方法，目前也不存在一個一致性的戰略或運作框架。

對美國至關重要的其他國家和地區，在中國共產黨的政治作戰攻擊下展現了令人擔憂的膽怯。幾個與新冠肺炎大流行有關且值得關注的例子，歐盟在北京的壓力下，延遲並刻意淡化一份記錄中國大規模虛假訊息宣傳活動的報告；以及東南亞國家在疫情期間自我審查，避免對中共在疫情期間的嚴重行為發表意見。[1]

在理想狀況下，本書將有助於美國領導自由民主國家的聯合戰線，以威懾、對抗和擊敗中國的政治作戰行動。此外，受到政治作戰攻擊的其他國家也可以從本書研究中受益，評估自身的脆弱性、能力，和面對北京政治作戰行動時的因應之道。在強大、有遠見和靈活的領導下，以下建議是可以實現的。為了威懾、對抗和最終擊敗中國的政治作戰行動，美國應考慮以下具體作法。

將中國威脅精確命名為：政治作戰

中共正在對美國發動戰爭。這不僅僅是競爭或惡意影響力，而是依照中共的定義，這就是一場戰爭。詞彙至關重要。理想情況下，正確的術語將引導制定正確的國家目標、政策和行動。這正是為什麼美國外交家喬治・肯南需要明確闡述，他在冷戰時期成功的「圍堵」和「反政戰」戰略的原因。不過，國家領導人必須教育國內和海外的國民，告知他們中國正在對美國進行政治作戰，以及在一般性的術語中解釋為什麼以及如何計畫以因應這一威脅。

制定國家戰略

透過立法，美國應該要求制定國家戰略，任命一位在美國國家安全委員會內享有極高聲望的政治戰協調人建立一個戰略作戰中心，類似於冷戰時的美國新聞署；該中心應具有比現有美國國務院的全球參與中心（Global Engagement Center）更廣泛的權力，並且不隸屬於美國國務院，同時發展外交、軍事和情報機構的反政治作戰的專業道路。[2]

戰略與預算評估中心的羅斯·巴貝奇的研究，提供了建立戰略的具體步驟。美國首先必須明確陳述其在打擊政治作戰方面的目標，然後制定一個「勝利理論」和終極目標。同時，美國還應確定其主要目標是「迫使威權國家停止政治作戰行動，並使其更加謹慎為之」；對抗中共或俄羅斯等極權政權，應「促使這些政權的垮台，並由自由民主的替代方案取而代之」。[3]

重建國家級機構

美國政府的執行和立法機構必須重建執行訊息操作和戰略溝通的能力，類似於冷戰期間發展的能力。這意味著建立一個二十一世紀、等同於過去美國新聞署的機構，最好是直接隸屬於國家安全委員會。

待立法和資金授權通過，以重新建立這一類似美國新聞署機構的緩慢過程中，可以先成立一個常設的聯合跨部門任務小組（Joint Interagency Task Force，JIATF）以統一國家指揮和控制行動；其模式基於美國海軍陸戰隊位於夏威夷史密斯營區（Camp Smith）的JIATF-West反毒組織。這個聯合跨部門任務小組可以迅速開始運作，並開始建立與私營企業、公民社會、法律界和新聞媒體的合作。

重建機構還包括重建雷根政府時代的積極措施工作組，以及更有效地協調美國國務院、全球參與中心、其他內閣層級戰略溝通和公共事務架構，以及監管美國之音、自由歐洲電台／自由電台（Free Europe / Radio Liberty）、自由亞洲電台（Radio Free Asia）、馬蒂廣播電視台（Radio and TV Martí）和中東廣播網絡等組織的董事會。[4]

設立認識中共政治作戰的教育課程

特別是美國國務院和國防部，應該針對資深和中級專業人員制定不同長度的課程。也應該規劃入門級課程，供外交、軍事、情報、商業、公共事務和學術界的學生參加。這個教育計畫對於私營部門和非政府組織內的個人可採自願性上課方式，但對於政府工作者、聯邦承包商，以及在美國政府教育機構就讀的學生則採強制性修課。同樣地，私營部門和公民組織應該與新聞媒體單位協調，開始實施公共資訊課程。

這些課程的重點是在中共最重要的目標受眾中建立內部防禦，這些受眾包括民選官員、高階政策制定者、思想領袖、國家安全管理者以及其他訊息守門人。冷戰期間曾經成功地開設了類似的政府、機構和公共教育課程，其中威脅簡報和公開討論是每個課程的例行部分。為了推動這一教育工作，本書的附錄中包含一個概括性的五天反政治作戰教學課程大綱，以提供大家參考。

作為相關的重要起步階段，美國官員應對美國政府教育和培訓機構中，有關中共政治作戰的教學內容進行內容分析。根據我在國防新聞學校和外交學院進行的討論，這些基礎學校都沒有設計用於應對政治作戰的相關課程。從我最近與美國國防大學、陸軍戰爭學院和海軍戰爭學院（Naval War College）畢業生的討論中獲悉，在這些機構中並沒有提供針對這一威脅的正式教育課程和內容。

對於這些教育和培訓機構，評估過去和計畫中的客座講座、會議和研討會，以及它們與中國政治戰有關的內容，也是很重要的。之所以必須如此做的理由是，一些被視為是中共黨員和一位堅定支持中國的澳洲前總理，曾分別獲邀請至美國陸軍軍官學校（United States Military Academy，即西點軍校）和海軍軍官學校（United States Naval Academy）進行主題演講，這實在令人困惑。教育機構的領導者必須對他們如何教導未來的美國軍事和外交領袖有所交代，包括有關中國軍事和政治作戰威脅的知識；以及如何捍衛他們的機構，防止它們成為敵人政治作戰行動的平台。

立即可行的大規模教育工具，包括國務院和國防部的公共事務和媒體資源。正如在冷戰期間所做的那樣，今天可以利用公共事務來教育內部和外部受眾，讓他們了解中國政治作戰和定期公開揭露此類行動。作為政策的一部分，美國政府的公共事務資產應該被用來對抗由中國解放軍報等機構所做的宣傳，並揭露試圖拉攏退休美國軍官的中國國際友好聯絡會等統戰行動。透過美國政府出版品持續地曝光這些政治作戰行動，內部和外部受眾會隨著時間的推移，逐步了解中國的威脅本質。

建立智庫：亞洲政治作戰威脅對策卓越中心

亞洲政治作戰威脅對策卓越中心（Asian Political Warfare Center of Excellence）將類似設立在芬蘭的歐洲混合戰爭威脅對策卓越中心（European Centre of Excellence for Countering Hybrid Threats），其使命也類似：「發展對中國政治作戰威脅的共同理解，並促進在國家層級上制定綜合性、政府整體參與應對中國和其他政治作戰威脅的計畫。」[5] 亞洲政治作戰威脅對策卓越中心將是一個跨政府部門整體參與的結晶，但實際上，其主要的美國政府參與機構將包括國防部、國務院、商務部、中央情報局、聯邦調查局和美國國際開發總署（United States Agency for International Development）。

亞洲政治作戰威脅對策卓越中心將提供所需的智識基礎和教育，以發展和協調反政治作戰和進攻性政治作戰能力，但它將不具備執行或協調這些操作的權限。

亞洲政治作戰威脅對策卓越中心應包括的功能：

- 鼓勵在亞洲和世界各地的志同道合國家之間，進行戰略層次的對話和諮詢。
- 調查和檢驗中國針對民主國家的政治作戰行動，並分析參與國家的弱點，以提高其抵抗力和應對能力。
- 針對參與者提供制定培訓和安排基於情境的演練，旨在增強他們在應對中國政治作戰威脅方面的個人能力，以及參與者之間的協同工作能力。
- 進行研究和分析，以因應中國政治作戰方法。
- 邀請來自各種專業領域和學科的官方、非官方專家與從業者進行對話，以提高對中國和其他政治作戰威脅的情境感知。有代表性的參與者將包括實際接觸人員、學者、政策制定者、國會工作人員、新聞記者、戰略專家、活動策畫者、法律專家與選定的公務員，以及外交、軍事、情報和執法人員。

最終，亞洲政治作戰威脅對策卓越中心的課程將包括各種不同的訓練期程。然而，由於美國在這場戰鬥中遠遠落後於中國，因此應立即開設一個短期的入門課程。本書附錄提供的概括性五天培訓課程，可幫助快速啟動亞洲政治作戰威脅對策卓越中心的教育和培訓任務。在有堅強陣容、靈活的領導者和有能力的教職員工之情況下，初階的亞洲政治作戰威脅對策卓越中心培訓課程可以在三十天內實施完成。

調查、干擾和起訴中國政治作戰行動

美國國務院、國防部、司法部、聯邦調查局和情報社群，各自在反制中國政治作戰方面都扮演關鍵角色。根據馬蒂斯在二〇一八年在國會作證時所描述的，鑒於過去美國在對抗政治作戰行動和起訴間諜活動方面的失敗，迫切需要檢討現有適用於中國政治作戰的法律、立法和政策，以確保明確的任務說明、行動要求和對成功可能性的評估。[6]

監控、追蹤和揭露中國政治作戰行動

根據我與聯邦調查局、軍事情報和國務院官員的討論，顯然對抗中國政治作戰行動尚未獲得應有的優先考量，以利在政府機構中成功爭取預算。正如馬蒂斯所強調的，「行政部門未能起訴或調查中國間諜活動，」而這些活動比政治作戰和其他影響行動更容易進行調查。[7] 負責反政治作戰的情報社群和司法部人員很可能是執行反間諜活動的同一批人員，為了取得成功，他們需要更好的分析、調查和法律培訓。

定期揭露中國政治作戰行動

透過立法和（或）行政命令，美國應該要求每年由國家安全委員會主導，公開發布一份關於中共對美國政治作戰活動的報告。這份年度報告將類似雷根時代關於蘇聯積極措施行動的年度報告，並著重關注在中國統戰干預和影響力運作。報告將包括有關普通公民如何識別和避免這些威脅的實用性建議。根據馬蒂斯的說法，針對「中共活動的年度報告將迫使政府機構共同討論問題」，並決定應該發布哪些訊息供公眾了解；「召集美國政府不常相互交流的不同部門一起開會，將有助於提高他們相互之間的警覺」。同時，也可製作機密附件以作為政府內部各部門參考使用。[8] 這份年度報告應該定期公開發布，報告中應包括有關中國在特定區域內的政治作戰行動，以及針對如聯合國和新聞媒體等機構的訊息。

正如哈德遜研究所所建議的，讓大眾了解中國政治作戰的一種方法是，美國行政部門應該與學術機構、記者、智庫和其他組織合作，對政治作戰行動進行規劃，並揭露那些可以在不損害國家安全的情況下公開揭示的行動。一種方法是設計一個「統一戰線追蹤器」，以揭示中國政治作戰的前線、協助者和行動人員，並追究他們的責任。例如，這個追蹤器可以揭露參與統戰活動的各種團體，比如在大學和學術機構舉辦的納稅人資助會議，這些團體在會議中宣傳那些中國所欲的宣傳主題。透過持續揭露政治作戰行動，美國可以更妥善地告知公民他們所面臨的威脅，以及如何最恰當地應對這些威脅。這樣的追蹤器還可以用來公開譴責統戰和其他政治作戰行動。這種譴責可能非常有效，正如美國政府在種族隔離時期針對南非共和國的影響行動所證明的那樣，當時通過了《美國全面反種族隔離法》(*Comprehensive Anti-Apartheid Act of 1986*)。

應採取的其他措施包括公開識別參與外國審查和新聞媒體影響的人員。大多數美國人可能不知道，以中國為基礎的新聞機構均為中共官方的喉舌，其報導是由中共宣傳或文宣部門指導的，與一般商業新聞媒體的獨立性報導有所不同。同樣重要的是，公布參與代表中國政府進行遊說的商業組織、公關公司和律師事務所，以及支持中國政治作戰的學者和大學。

提高中共干預成本

美國政府在對抗中國違法行為方面往往表現得太軟弱，甚至在美國境內也是如此——將美國執法人員置於一旁，容忍中國的非法情報活動。例如，想想二〇一七年五月在紐約市發生的事件，當時美國國務院阻止聯邦調查局逮捕幾名中國國家安全部高級官員和其他情報人員，中國人員正在執行違反所持美國簽證的非法任務。馬蒂斯指出，「北京在美國內部的干預幾乎不必付出任何代價。」是時候提高中國在美國內部進行政治作戰的代價了。當中國大使館和領事館官員前往大學「威脅學生或召集他們參加集會」，就像他們為煽動反對香港示威集會和干擾台灣總統在檀香山中途停留所做的那樣，美國政府「可以撤銷他們的外交地位」，並「可以對這些官員實施旅行限制」。[9]

針對侵犯人權的中共官員和附屬機構採取法律行動

儘管中國學生學者聯合會表面上是一個學生支持協會，但其真正使命是滲透學術界，破壞民主機構，並從事對外國國家、學者和在國外就讀的中國學生的間諜活動。與此同時，孔子學院參與各種形式的審查、脅迫和對中國學生與學者的監控。為了幫助對抗這些行動，馬蒂斯建議利用民權立法，如《陰謀危害權利》（*Conspiracy Against Rights*）（美國法典第十八條、第二百四十一條），來對抗中國學生學者聯合會、孔子學院和其他執行統戰的祕密中共情報和安全官員。具體來說，該條文規定「禁止兩名或兩名以上人士共謀傷害、壓迫、威脅或恐嚇任何人，在任何州、領土、聯邦、屬地或特區自由行使或享受其根據美國憲法或法律所獲得的任何權利或特權，或因其行使上述權利或特權而受到傷害、壓迫、威脅或恐嚇。」[10]

鼓勵專注對抗中國政治作戰的學術研究

美國政府應該支持針對這一生死攸關的挑戰進行研究，探索如何遏制、威懾和（或）擊敗它；為該領域的學生提供資助，並提供特殊的高層級表彰和獎勵。

立法降低中共新聞和社交媒體的攻擊力

在民主國家中，新聞自由必須受到嚴格保護，但允許中國這樣的極權國家主宰民主國家的新聞媒體，無異是民主國家的自殺行為。透過立法，結合揭露和公開譴責，將有助於減少中國隱匿滲透新聞媒體所造成的危害。

首先，可以採取簡單的步驟，例如藉由立法要求新聞媒體、社交媒體和娛樂行業的相互對等原則。應該透過立法規定，不允許任何與中國有關的實體或個人，在美國購買或從事任何新聞媒體、商業、教育或娛樂活動——只要是美國公民在中國無法從事的活動。其中隱含的意義是，應該允許美國公民在中國從事這類活動而不受干擾，這將允許無需審查的言論自由，也不會透過對企業商業利益的直接威脅，和對自由記者及其家人的騷擾進行恐嚇。此外，應該立法支持和鼓勵反對中國宣傳的全球華文出版物、社交媒體和廣播。最後，美國政府官員和公民組織，應該對那些不斷重複為中國政治作戰代言的美國新聞媒體進行譴責與抵制。

附錄

反制中國政治作戰
五日課程大綱

我們一定要解放台灣！
這幅繪製於 1958 年的中共宣傳海報，描繪出台灣是中國政治作戰最重要的攻略目標。台灣該如何全面提升對政治作戰的認識與反擊，絕對是首要任務。

此附錄的目的是，提供針對反制中國政治作戰教育和培訓課程的基本原理、教育方法和課程，特別強調概念上的五日反政治作戰課程。雖然這個課程是為了快速實施而設計的，由本書建議成立的亞洲政治作戰威脅對策卓越中心負責，但美國和受到中共政治作戰威脅的其他國家的任何組織，可以採用並酌以調整此課程，期能迅速擁有對抗這一生存威脅的能力。

背景

中國正在對世界上大多數國家進行政治作戰。這是一種積極的總體戰爭，中國傾注全國之力整合到其政治作戰運動中。開放社會通常對政治作戰的威脅缺乏全面性的理解和應對，因此政府通常制定不是很適用的法律和政策來打擊這種威脅。而且，這些國家缺乏國家反政治作戰的政策、戰略、組織和資源。更糟糕的是，由於許多國家沒有意識到自己正遭受到攻擊，或者對此否認，他們不願意且無法有效地應對。

大多數國家在三十年前的冷戰結束後，便失去認知和反擊政治作戰的能力。美國在歷史上一直為其全球盟友和聯盟夥伴提供國家安全的重點支持和資源，但在國內的外交學院和國防新聞學校，卻都沒有教授中共政治作戰相關課程。這些機構正是外交官和軍事將領準備加入訊息戰場競爭的頂尖機構。此外，在國防大學或各種軍事戰爭學院也沒有系統性的課程，而其他國家同樣面臨類似挑戰。

民主國家特別容易受到政治作戰的威脅，因為缺乏有關這一威脅的必要教育；而自由社會的開放性，提供了中國進行影響力和脅迫行動的多種途徑。許多威權國家選擇忽視國內的中共政治作戰活動，因為他們從中國的極權統治中獲得對其獨裁統治的肯定，或者擔心如果反對中共，可能會惹怒中共。為了有效打擊中國政治作戰威脅，民主國家必須重新聚焦其國家安全文化，並啟動新的政府和公共教育計畫。

對中國政治作戰的深入研究需要一個廣泛課程系統，持續時間比本文提出的五天課程更長。最終，某些頒發學位和證書的機構，特別是那些由美國政府資助的機構，應該將這種進階課程納入國家安全相關項目中。在缺乏現有課程和學習計畫的情況下，本書的概念性課程提供一個相對容易實施的介紹，以引導關鍵人士能了解中國政治作戰的核心方面，以及如何對其進行反制。

公共教育和培訓課程的重點

反制中共政治作戰的教育和培訓課程應該包括以下內容：

- 奠定政治作戰現在已經成為衝突連續體（continuum of conflict）*中的「永恆鬥爭規律」的一環。1
- 教導如何識別、梳理和對抗中國政治作戰行動，並評估成果。
- 教導如何建立持久的法律機制、政策、機構和組織，來對抗中共的政治作戰。
- 發展一個外交、軍事、情報、執法、法律和安全實踐者以及學者的網絡。

總言之，這些教育和培訓課程的重點，應該是民主國家如何透過各種策略和戰術來對抗政治作戰，從教育國內民眾了解威脅，到提高中共脅迫和操縱的代價。基礎教學應該說明如何識別和追蹤中共政治作戰、進行戰略溝通，發展制定有用政策和行動的思維過程，以及建立長期政治作戰的內部防禦能力。

除了教授防禦行動外，課程還應教授有關如何反擊的技能和工具，比如如何引入非對稱的成本施加措施和其他進攻性的戰略和戰術。例如，雖然中國比起開放民主國家更難被影響，但由於其脆弱的統治合法性和龐大的財富和權力集中，其對外部思想和訊息更加恐懼。因此，創新地引入反對中國官方論述的替代觀點，並揭露其政治貪腐和經濟無能，可以對其造成重大損失。

概念性課程大綱

五日反制中國政治作戰課程應包括以下內容：

- 中國政治作戰的歷史。
- 中國政治作戰的理論、原則和實踐。
- 相關術語。
- 政治作戰的對應。

* 編按：「連續體」是指一個連續的、相互關聯的整體或系統。「衝突連續體」指的是一個持續發展、涉及各種衝突和鬥爭形式的整體。

- 國家戰略溝通規劃。
- 新聞媒體和社交媒體。
- 政府間的協調。
- 公民社會參與。
- 法律和執法方面的影響。
- 防禦和進攻策略。
- 當代政治作戰運動和案例研究。

每個主題的內容，應特別為反制政治作戰行動量身定制。例如，針對國家戰略溝通規劃的高階培訓課程，應該教授如何思考戰略溝通以對抗敵對政治作戰。概念性內容應包括以下內容：

- 敵對政治作戰的問題研究和分析。
- 友軍政治作戰相關的優勢、弱點、機遇和威脅。

- 反制政治作戰運動的目標、持續時間、主題和訊息。
- 關鍵受眾。
- 策略、戰術和訊息，以及傳達它們所需的工具。
- 安排政戰戰役的里程碑和事件。
- 預算、人員和其他資源。
- 評估標準和工具。
- 與盟友、合作夥伴和公民社會的協調。

同時，初階培訓課程應著重於如何執行反政治作戰戰略溝通框架的各個方面（見第二九一頁表二）。

在教育或培訓課程結束時，學生應能夠執行基本的政治作戰影響力行動映射（見下頁圖一）。

圖一　中共影響力圖

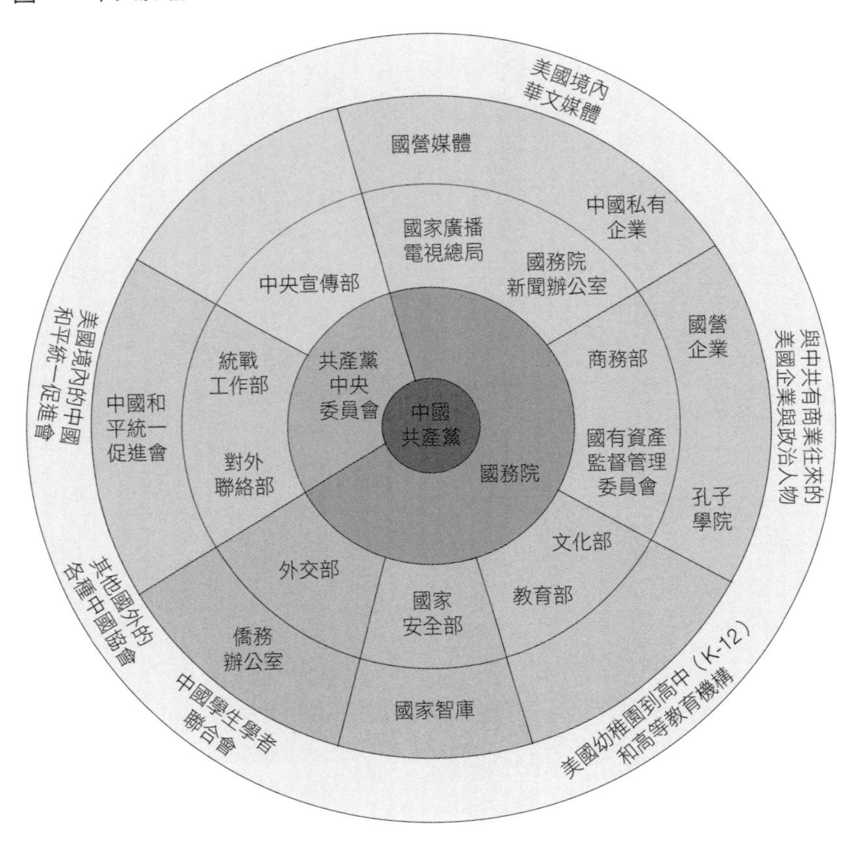

資料來源：喬納斯・帕列羅－普萊斯納（Jonas Parello-Plesner）和貝琳達・李（Belinda Li），《中共在海外的滲透活動：美國和其他民主國家該如何應對》（*The Chinese Communist Party's Foreign Interference Operations: How the U.S. and Other Democracies Should Respond*），2018 年，哈德遜研究所出版，修訂自《美國海軍陸戰隊大學出版社》。

表二 反制中國政治作戰五日課程表

	第一天 理解中華人民共和國政治作戰	**第二天** 偵測政治作戰	**第三天** 對抗政治作戰的策略	**第四天** 工具和實際應用	**第五天** 實際應用和專家交流
08:30-10:30 第一節課	歡迎和課程介紹	中國政治作戰行動的規劃	對抗中國政治作戰	戰略和危機溝通	參與者案例研究
10:30-10:45 休息					
10:45-12:30 第二節課	概述：三戰	統戰行動	法律和執法影響	建立反政治作戰計畫	桌上兵推 #2
12:30-13:30 午餐					
13:30-15:15 第三節課	中國政治作戰工具	影響力行動和特別措施	政府全面合作	桌上兵推 #1	桌上兵推 #2 評估
15:15-15:30 休息					
15:30-17:30 第四節課	選定的政治作戰國家案例研究	評估中國政治作戰成效	與新聞媒體和民間社會互動	桌上兵推#1 評估	課程評估和結業儀式

資料來源：作者修訂自《美國海軍陸戰隊大學出版社》

學生們還將學習如何對目標受眾和影響力手段進行規劃和評估（見第二九四頁表三）。實際上，在短短五天內讓所有參與者完全吸收，並成為真正政治作戰專家所需的理論和術語是困難的。但政府官員和關鍵的公共領導者，必須開始建立理解這些主題的基礎。他們還必須開始學習如何識別、規劃和對抗中國政治作戰行動，評估結果並建立持久的法律機制、政策、機構和組織來對抗這一威脅。

延伸課程，比如國防大學或類似教育機構的課程，應該聚焦於國家層面的政治作戰相關目標、政策、組織原則、戰略、戰役計畫和法律框架。從美國及友好盟國的角度，以及中國的角度來看，這些課程應該讓學生制定特定國家的反政治戰行動計畫或全面支援行動計畫作為結尾。所有課程都應該為學生提供機會，討論他們在自己國家面臨的獨特政治作戰挑戰，並交流經驗和分享最佳實踐心得。所有課程還應該包括實際應用的桌上兵推，學生可以在「戰情室」環境中制定解決對手的政治作戰行動方案。

教師和學生

關於這門課程，教師應該是該講授主題有第一手知識的人選。這個候選人領域包括政治作戰策畫者和執行人員、情報官員、記者、社交媒體專家、戰略傳播和訊息運營從業人員，以及在該領域具有豐富經驗和專業知識的資深學者。

在評估潛在教師時，具有博士學位或在知名大學擔任教授的候選人，可能不如那些具有實際知識和實戰經驗的候選人重要。一般來說，美國學術界對於中國政治作戰的研究和分析投入的嚴謹度並不高；在這方面最有價值的研究工作，大多由知名大學以外的機構和個人完成。我建議避免招聘那些最近才發現這個主題的「即時專家」，無論他們的學術背景如何。

一開始，學生應該來自中高階公務員、外交官，以及軍方、情報部門和執法部門的官員，這些官員應具有職業發展潛力，或任職於特別敏感的規劃、行動、公共資訊與公開外交職位。必須在整個政府內建立專業知識，因此應要求各部門、委員和機構的官員參加。在該課程經過一年的成熟發展後，應邀請非政府領袖和其他有影響力的人士參加課程。這些人包括值得信賴的商界和工業領袖、新聞媒體高階主管、記者和編輯、教育工作者和教授，以及各級民選官員。

表三　中共欲影響的目標

	建立關係	建立合資企業	遊說	利用市場准入作為籌碼	提供補充資金	購買公司的主要股份
獨立擁有的中文媒體	√	√		√	√	√
美國K-12學校和高等教育	√	√			√	
美國學術機構	√				√	
美國政治家	√		√	√	√	
與中國有聯繫的美國公司	√	√		√	√	
美國主流媒體	√	√		√	√	√
中國學生學者聯合會	√				√	
海外華人團體	√					

資料來源：喬納斯・帕列羅－普萊斯納和貝琳達・李，《中共在海外的滲透活動：美國和其他民主國家該如何應對》，2018 年，哈德遜研究所出版，修訂自《美國海軍陸戰隊大學出版社》。

結論

美國和許多其他民主國家都尚未準備好去面對和反擊中國的政治作戰，某些不希望成為北京附庸或藩屬國的專制國家亦是如此。美國和其他反對中國霸權的國家，必須開始建立一個系統性的教育課程，教導政府官員全面了解此一威脅以及該如何應對。

這份五日反制中國政治作戰課程大綱，為建立一個有系統的政府和公共教育計畫提供堅實基礎。本課程大綱應根據需要進行調整，立即實施，同時持續努力發展更長期的教育和培訓計畫，並應用於政府和民間高等教育機構。

致謝

許多人和相關單位在我撰寫這本書的研究和寫作過程中，提供我許多協助。我的感謝之詞雖然溢於言表，但即便如此，對那些在這個充滿挑戰的努力過程中幫助過我的人，也無法對他們完全表達我內心由衷的感激之情。因此，我只想用夏威夷原住民語的表達方式，說一聲感謝「馬哈囉　努伊　羅啊」(Mahalo nui loa)。對於下面列出特別值得感激的人，我銘感五內；對於那些要求匿名的人，我也藉此表達深深的致謝之意。

對於我在台灣研究期間那些提供善意的幫助和指導的人，首先我要感謝外交部長吳釗燮、杜聖觀大使、中華民國退役少將余宗基，前國防大學政戰學院院長及遠景文教育基金會執行長賴怡忠博士、政治大學國際事務研究院東亞研究所副教授黃瓊萩，以及國家中央圖書館中國文化研究中心的工作人員——他們總是樂於助人，給予我非常大的幫助。

來自泰國方面，我感激前外交部長卡西特・皮羅米亞，以及在政府、新聞媒體、商界和學界擔任要職的許多可信賴的夥伴，由於可以理解的原因，他們要求保持匿名。

美國方面，我的研究、撰寫工作得到了前美國國防部亞太安全事務局助理國務卿華萊斯・葛瑞森、前美國國家安全委員會副國家安全顧問博明、前美國在台協會主席莫健（James Moriarty），以及美國國家安全委員會亞洲事務副高級主任簡以榮（Ivan Kanapathy）的慷慨支持。

我的研究和分析一直以來受到勇敢的專家們的薰陶，例如位於華盛頓特區的全球台灣研究中心執行長蕭良其，和位於維吉尼亞州阿靈頓的二〇四九計畫研究所執行總監石明凱。我還要感謝退役上校安全專家詹姆斯・法內爾、安德斯・科爾博士（Anders Corr）、美國海軍陸戰隊預備役上校格蘭特・紐沙姆和退役上校美國海岸警衛隊預備役上校船長伯納德・莫蘭（Bernard Moreland）。多年來，所有這些專家都幫助我並引導我有關中華人民共和國真正的企圖、能力和政治作戰行動的思考。

最後，我誠摯地感謝台灣外交部慷慨提供的台灣研究獎學金，以協助我順利完成這本書的研究和寫作。

註釋

第一章

1 Steven W. Mosher, *Hegemon: China's Plan to Dominate Asia and the World* (San Francisco, CA: Encounter Books, 2000), 1–2.

2 Mosher, *Hegemon*, 3; Xi Jingping, "Full Text of Xi Jinping's Report at 19th CPC National Congress," *China Daily* (Beijing), 4 November 2017; and Bill Birtles, "China's President Xi Jinping Is Pushing a Marxist Revival—but How Communist Is It Really?," Australian Broadcasting Corporation, 3 May 2018.

3 Col Qiao Liang and Col Wang Xiangsui, *Unrestricted Warfare: Assumptions on War and Tactics in the Age of Globalization* (Beijing: PLA Literature and Arts Publishing House, 1999).

4 Michael P. Pillsbury, *The Hundred-Year Marathon: China's Secret Strategy to Replace America as the Global Superpower* (New York: Henry Holt, 2015), 16; and *China's National Defense* (Beijing: State Council of the People's Republic of China, 1998).

5 *Hearing on China's Worldwide Military Expansion, before the House Permanent Select Committee on Intelligence*, 115th Cong. (2018) (testimony by Capt James E. Fanell, USN [Ret]), hereafter Fanell testimony.

6 Fred McMahon, "China—World Freedom's Greatest Threat," Fraser Institute, 10 May 2019.

7 Eleanor Albert, Beina Xu, and Lindsay Maizland, "The Chinese Communist Party," Council on Foreign Relations, 27 September 2019.

8 Jonas Parello-Plesner and Belinda Li, *The Chinese Communist Party's Foreign Interference Operations: How the U.S. and Other Democracies Should Respond* (Washington, DC: Hudson Institute, 2018); Kerry K. Gershaneck, discussions with senior ROC political warfare officers, Fu Hsing Kang College, National Defense University, Taipei, Taiwan, 2018; and Tara Copp and Aaron Mehta, "New Defense Intelligence Assessment Warns China Nears Critical Military Milestone," *Defense News*, 15 January 2019.

9 Fanell testimony; Nick Danby, "China's Navy Looms Larger," *Harvard Political Review*, 5 October 2019; and Liu Zhen, "China's Latest Display of Military Might Suggests Its 'Nuclear Triad' Is Complete," *South China Morning Post* (Hong Kong), 2 October 2019.

10 *Hearing on Strategic Competition with China, before the House Committee on Armed Services*, 115th Cong. (2018) (testimony by Ely Ratner, Maurice R. Greenburg Senior Fellow for China Studies, Council on Foreign Relations), hereafter Ratner testimony.

11 "Up to One Million Detained in China's Mass 'Re-Education' Drive," Amnesty International, 24 September 2018.

12 "China's Repressive Reach Is Growing," *Washington Post*, 27 September 2019.

13 Arifa Akbar, "Mao's Great Leap Forward 'Killed 45 Million in Four Years'," *Independent* (London), 17 September 2010; Ian Buruma, "The Tenacity of Chinese Communism," *New York Times*, 28 September 2019; and Ian Johnson, "Who Killed More: Hitler, Stalin, or Mao?," *New York Review of Books*, 5 February 2018.

14 Matthew P. Robertson, "Examining China's Organ Transplantation System: The Nexus of Security, Medicine, and Predation, Part 2: Evidence for the Harvesting of Organs from Prisoners of Conscience," Jamestown Foundation, China Brief 20, no. 9, 15 May 2020.

15 Johnson, "Who Killed More: Hitler, Stalin, or Mao?"

16 Laurence Brahm, "Nothing Will Stop China's Progress," *China Daily* (Beijing), 2 October 2019.

17 Li Yuan, "China Masters Political Propaganda for the Instagram Age," *New York Times*, 5 October 2019.

18 Liu Chen, "U.S. Should Stop Posing as a 'Savior'," *PLA Daily* (Beijing), 27 September 2019; Amy King, "Hurting the Feelings of the Chinese People," *Sources and Methods* (blog), Wilson Center, 15 February 2017; Xinhua, "China Slams the Use of Bringing up Human Rights Issues with Political Motives as 'Immoral'," *Global Times* (Beijing), 12 December 2018; and Ben Blanchard, "China's Top Paper Says Australian Media Reports Are Racist," Reuters (London), 10 December 2017.

19 Donald J. Trump, "United States Strategic Approach to the People's Republic of China," White House, 20 May 2020.

20 "The Day the NBA Fluttered before China," *Washington Post*, 7 October 2019; and Amy Qin and Julie Creswell, "China Is a Minefield, and Foreign Firms Keep Hitting New Tripwires," *New York Times*, 8 October 2019.

21 Ross Babbage, *Winning Without Fighting: Chinese and Russian Political Warfare Campaigns and How the West Can Prevail*, vol. I (Washington, DC: Center for Strategic and Budgetary Assessments, 2019), 36.

22 "Global Brands Better Stay Away from Politics," *Global Times* (Beijing), 7 October 2019.

23 Yang Han and Wen Zongduo, "Belt and Road Reaches out to the World," *China Daily* (Beijing), 30 September 2019.

24 *Hearing on U.S. Policy in the Indo-Pacific Region: Hong Kong, Alliances and Partnerships, and Other Issues, before the Senate Foreign Relations Committee, Subcommittee on East Asia, the Pacific, and International Cyber Policy*, 116th Cong. (2019) (testimony by David R. Stilwell, Assistant Secretary of State for East Asian and Pacific Affairs, U.S. Department of State).

25 Michael J. Pence, "Remarks by Vice President Pence on the Administration's Policy toward China" (speech, Hudson Institute, Washington, DC, 4 October 2018).

26 BGen Robert Spalding, USAF (Ret), *Stealth War: How China Took Over while America's Elite Slept* (New York: Portfolio/Penguin, 2019), 162–63.

27 Ratner testimony.

28 Trump, "United States Strategic Approach to the People's Republic of China."

29 John Garnaut, "Australia's China Reset," *Monthly* (Victoria, Australia), August 2018; Didi Kirsten Tatlow, "Mapping China-in-Germany," *Sinopsis* (Prague), 2 October 2019; Austin Doehler, "How China Challenges the EU in the Western Balkans," *Diplomat*, 25 September 2019; Grant Newsham, "China 'Political Warfare' Targets U.S.-Affiliated Pacific Islands," *Asia Times* (Hong Kong), 5 August 2019; Derek Grossman et al., *America's Pacific Island Allies:The Freely Associated States and Chinese Influence* (Santa Monica, CA: Rand, 2019), https://doi.org/10.7249/RR2973; C. Todd Lopez, "Southcom Commander: Foreign Powers Pose Security Concerns," U.S. Southern Command, 6 October 2019; Heather A. Conley, "The Arctic Spring: Washington Is Sleeping through Changes at the Top of the World," *Foreign Affairs*, 24 September 2019; and Andrew McCormick, " 'Even If You Don't Think You Have a Relationship with China, China Has a Big Relationship with You'," *Columbia Journalism Review*, 20 June 2019.

30 Tom Blackwell, "How China Uses Shadowy United Front as 'Magic Weapon' to Try to Extend Its Influence in Canada," *National Post* (Toronto), 28 January 2019; and Alexander Bowe, *China's Overseas United Front Work: Background and Implications for the United States* (Washington, DC: U.S.-China Economic and Security Review Commission, 2018).

31 "World against the CCP: China Became the Target at the World Health Assembly," Chinascope, 21 May 2020. 32 Garnaut, "Australia's China Reset."

33 Bihahari Kausikan, "An Expose of How States Manipulate Other Countries' Citizens," *Straits Times* (Singapore), 1 July 2018.

34 Juan Pablo Cardenal et al., *Sharp Power: Rising Authoritarian Influence* (Washington, DC: National Endowment for Democracy, 2017).

35 Kerry K. Gershaneck, interview with a senior U.S. Department of State official, Bangkok, Thailand, 30 December 2016; and Kerry K. Gershaneck, interviews with a senior U.S. Department of State official, various locations, 2018–20.

36 Max Boot and Michael Scott Doran, "Political Warfare," Council on Foreign Relations, 28 June 2013.

第二章

1 Kerry K. Gershaneck, "Taiwan's Future Depends on the Japan-America Security Alliance," *National Interest*, 7 June 2018.

2 J. Y. Smith, "George F. Kennan, 1904–2005: Outsider Forged Cold War Strategy," *Washington Post*, 18 March 2005.

3 George F. Kennan, "The Inauguration of Organized Political Warfare," Office of the Historian of the State Department, 4 May 1948.

4 Kennan, "The Inauguration of Organized Political Warfare."

5 Mark Stokes and Russell Hsiao, *The People's Liberation Army General Political Department: Political Warfare with Chinese Characteristics* (Arlington, VA: Project 2049 Institute, 2013), 3, 5–6.

6 Col Qiao Liang and Col Wang Xiangsui, *Unrestricted Warfare: Assumptions on War and Tactics in the Age of Globalization* (Beijing: PLA Literature and Arts Publishing House, 1999), 6–7.

7 Michael P. Pillsbury, *The Hundred-Year Marathon: China's Secret Strategy to Replace America as the Global Superpower* (New York: Henry Holt, 2015), 116.

8 Pillsbury, *The Hundred-Year Marathon*, 116–17, 138.

9 Elsa B. Kania, "The PLA's Latest Strategic Thinking on the Three Warfares," Jamestown Foundation, China Brief 16, no. 13, 22 August 2016.

10 Stefan A. Halper, *China: The Three Warfares* (Washington, DC: Office of the Secretary of Defense, 2013), 11.

11 Kania, "The PLA's Latest Strategic Thinking on the Three Warfares."

12 Kania, "The PLA's Latest Strategic Thinking on the Three Warfares."

13 Halper, *China: The Three Warfares*, 12.

14 Kania, "The PLA's Latest Strategic Thinking on the Three Warfares."

15 Halper, *China: The Three Warfares*, 12–13.

16 Ross Babbage, *Winning Without Fighting: Chinese and Russian Political Warfare Campaigns and How the West Can Prevail*, vol. I (Washington, DC: Center for Strategic and Budgetary Assessments, 2019), 35–36.

17 Michael J. Pence, "Remarks by Vice President Pence on the Administration's Policy toward China" (speech, Hudson Institute, Washington, DC, 4 October 2018).

18 Babbage, *Winning Without Fighting*, vol. I, 36.

19 *Psychological Operations*, Joint Publication 3-13.2 (Washington, DC: Joint Chiefs of Staff, 2010), GL-8.

20 Halper, *China: The Three Warfares*, 12.

21 Kania, "The PLA's Latest Strategic Thinking on the Three Warfares."

22 Kasit Piromya, interview with the author, Bangkok, Thailand, 1 May 2018, hereafter Kasit interview.

23 Kania, "The PLA's Latest Strategic Thinking on the Three Warfares."

24 Halper, *China: The Three Warfares*, 13.

25 Kania, "The PLA's Latest Strategic Thinking on the Three Warfares."

26 Halper, *China: The Three Warfares*, 13.

27 Ross Babbage, *Winning Without Fighting: Chinese and Russian Political Warfare Campaigns and How the West Can Prevail*, vol. II (Washington, DC: Center for Strategic and Budgetary Assessments, 2019), 17–25; and Kerry K. Gershaneck, " 'Faux Pacifists' Imperil Japan while Empowering China," *Asia Times* (Hong Kong), 10 June 2018.

28 Babbage, *Winning Without Fighting*, vol. I, 30–31.

29 Kerry K. Gershaneck, discussions with Thai and foreign academics, Thailand, 2013–18; Kerry K. Gershaneck, discussions with senior ROC political warfare officers, Fu Hsing Kang College, National Defense University, Taipei, Taiwan, 2018; and Kerry K. Gershaneck, interview with a senior U.S. Department of State official, Bangkok, Thailand, 30 December 2016.

30 Kasit interview; and Perry Link, "China: The Anaconda in the Chandelier," *New York Review of Books*, 11 April 2002.

31 Jonas Parello-Plesner and Belinda Li, *The Chinese Communist Party's Foreign Interference Operations: How the U.S. and Other Democracies Should Respond* (Washington, DC: Hudson Institute, 2018), 8–9.

32 Parello-Plesner and Li, *The Chinese Communist Party's Foreign Interference Operations*, 8.

33 Anne-Marie Brady, "Exploit Every Rift: United Front Work Goes Global," in David Gitter et al., *Party Watch Annual Report*, 2018 (Washington, DC: Center for Advanced China Research, 2018), 34–40.

34 Simon Denyer, "Command and Control: China's Communist Party Extends Reach into Foreign Companies," *Washington Post*, 28 January 2018.

35 Bridget Johnson, "DOJ Asked to Probe China's Use of INTERPOL Notices to Persecute Dissidents," PJ Media, 30 April 2018.

36 Kerry K. Gershaneck, "WHO Is the Latest Victim in Beijing's War on Taiwan," *Nation* (Thailand), 22 May 2018.

37 Greg Rushford, "How China Tamed the Green Watchdogs: Too Many Environmental Organizations Are Betraying Their Ideals for the Love of the Yuan," *Wall Street Journal*, 29 May 2017.

38 Michael K. Cohen, "Greenpeace Working to Close Rare Earth Processing Facility in Malaysia: The World's Only Major REE Processing Facility in Competition with China," *Journal of Political Risk 7*, no. 10 (October 2019).

39 Stokes and Hsiao, *The People's Liberation Army General Political Department*, 14–15.

40 Stokes and Hsiao, *The People's Liberation Army General Political Department*, 14.

41 Stokes and Hsiao, *The People's Liberation Army General Political Department*, 14–15.

42 Stokes and Hsiao, *The People's Liberation Army General Political Department*, 15–16.

43 Stokes and Hsiao, *The People's Liberation Army General Political Department*, 16.

44 Eric X. Li, "The Rise and Fall of Soft Power: Joseph Nye's Concept Lost Relevance, but China Could Bring It Back," *Foreign Policy*, 20 August 2018.

45 Joseph S. Nye Jr., "Get Smart: Combining Hard and Soft Power," *Foreign Affairs* 88, no. 4 (July/August 2009): 160–63.

46 Juan Pablo Cardenal et al., *Sharp Power: Rising Authoritarian Influence* (Washington, DC: National Endowment for Democracy, 2017), 6.

47 Cardenal et al., *Sharp Power*, 6, 13.

48 Cardenal et al., *Sharp Power*, 13.

49 Chris Kremidas-Courtney, "Hybrid Warfare: The Comprehensive Approach in the Offense," Strategy International, 13 February 2019.

50 Kremidas-Courtney, "Hybrid Warfare."

51 Kremidas-Courtney, "Hybrid Warfare."

52 Conor M. Kennedy and Andrew S. Erickson, *China Maritime Report No. 1: China's Third Sea Force, the People's Armed Forces Maritime Militia: Tethered to the PLA* (Newport, RI: U.S. Naval War College, 2017); and James E. Fanell and Kerry K. Gershaneck, "White Warships and Little Blue Men: The Looming 'Short, Sharp War' in the East China Sea over the Senkakus," *Marine Corps University Journal* 8, no. 2 (Fall 2017): 67–98, https://doi.org/10.21140/mcuj.2017080204.

53 Anthony Davis, "China's Loose Arms Still Fuel Myanmar's Civil Wars," *Asia Times* (Hong Kong), 28 January

2020; Bertil Lintner, "A Chinese War in Myanmar," *Asia Times* (Hong Kong), 5 April 2017; and Keoni Everington, "China's 'Troll Factory' Targeting Taiwan with Disinformation Prior to Election," *Taiwan News* (Taipei), 5 November 2018.

54 "Dictionary: Fascism," *Merriam-Webster*, accessed 7 October 2019.

55 "Dictionary: Totalitarianism," *Merriam-Webster*, accessed 7 October 2019.

56 Xi Jingping, "Full Text of Xi Jinping's Report at 19th CPC National Congress," *China Daily* (Beijing), 4 November 2017; and Zheng Wang, *Never Forget National Humiliation: Historical Memory in Chinese Politics and Foreign Relations* (New York: Columbia University Press, 2012).

57 Teng Biao, "Has Xi Jinping Changed China? Not Really," ChinaFile, 16 April 2018.

58 Stein Ringen, "Totalitarianism: A Letter to Fellow China Analysts," *ThatsDemocracy* (blog), 19 September 2018.

59 Ringen, "Totalitarianism."

60 Ringen, "Totalitarianism."

61 Tom Ciccotta, "Multiple Universities Refuse to Cooperate with Federal Investigations into Ties to China," Breitbart, 21 May 2020.

62 Parello-Plesner and Li, *The Chinese Communist Party's Foreign Interference Operations*, 35.

63 Ciccotta, "Multiple Universities Refuse to Cooperate with Federal Investigations into Ties to China."

64 Burton Watson, trans., *The Analects of Confucius* (New York: Columbia University Press, 2007).

第三章

1 Sun Tzu, *The Complete Art of War*, trans. Ralph D. Sawyer (Boulder, CO: Westview Press, 1996).

2 Michael P. Pillsbury, *The Hundred-Year Marathon: China's Secret Strategy to Replace America as the Global Superpower* (New York: Henry Holt, 2015), 31–51.

3 Pillsbury, *The Hundred-Year Marathon*, 35–36.

4 Thomas G. Mahnken, Ross Babbage, and Toshi Yoshihara, *Countering Comprehensive Coercion: Competitive Strategies against Authoritarian Political Warfare* (Washington, DC: Center for Strategic and Budgetary Assessments, 2018), 25.

5 Yi-Zheng Lian, "China Has a Vast Influence Machine, and You Don't Even Know It," *New York Times*, 21 May 2018.

6 Steven W. Mosher, *Hegemon: China's Plan to Dominate Asia and the World* (San Francisco, CA: Encounter Books, 2000), 21.

7 Mosher, *Hegemon*, 20–25.

8 Pillsbury, *The Hundred-Year Marathon*, 28–29; and Thomas G. Mahnken, *Strategy & Stratagem: Understanding Chinese Strategic Culture* (Sydney, Australia: Lowy Institute for International Policy, 2011), 3, 18, 24–26.

9 Steven W. Mosher, *Bully of Asia: Why China's Dream Is the New Threat to World Order* (Washington, DC: Regnery Publishing, 2017), 10.

10 Mosher, *Hegemon*, 2–5; and Mohan Malik, "Historical Fiction: China's South China Sea Claims," *World Affairs* 176, no. 1 (May/June 2013): 83–90.

11 Mahnken, Babbage, and Yoshihara, *Countering Comprehensive Coercion*, 25.

12 Mark Stokes and Russell Hsiao, *The People's Liberation Army General Political Department: Political Warfare with Chinese Characteristics* (Arlington, VA: Project 2049 Institute, 2013), 6–7.

13 Mahnken, Babbage, and Yoshihara, *Countering Comprehensive Coercion*, 26.

14 Mao Zedong, *Selected Works of Mao Tse-Tung* (Beijing: Foreign Language Press, 1965), 104.

15 Stokes and Hsiao, *The People's Liberation Army General Political Department*, 3.

16 Peter Mattis, "An American Lens on China's Interference and Influence-Building Abroad," *Open Forum*, Asan

Forum, 30 April 2018.

17 Lyman P. Van Slyke, *Enemies and Friends: The United Front in Chinese Communist History* (Stanford, CA: Stanford University Press, 1967), 3.

18 *Hearing on Strategic Competition with China, before the House Committee on Armed Services*, 115th Cong. (2018) (testimony by Aaron L. Friedberg, Professor of Politics and International Affairs, Woodrow Wilson School, Princeton University), hereafter Friedberg testimony.

19 Stokes and Hsiao, *The People's Liberation Army General Political Department*, 6–7.

20 Alexander Bowe, *China's Overseas United Front Work: Background and Implications for the United States* (Washington, DC: U.S.-China Economic and Security Review Commission, 2018); and Van Slyke, *Enemies and Friends*, 3.

21 Stokes and Hsiao, *The People's Liberation Army General Political Department*, 6.

22 Robert Taber, *The War of the Flea: A Study of Guerrilla Warfare Theory and Practice* (New York: Citadel Press, 1965), 32–33.

23 Joshua Kurlantzick. *Charm Offensive: How China's Soft Power Is Transforming the World* (New Haven, CT: Yale University Press, 2008), 1–15.

24 Bertil Lintner, "A Chinese War in Myanmar," *Asia Times* (Hong Kong), 5 April 2017.

25 Kurlantzick, *Charm Offensive*, 16–20.

26 Kurlantzick, *Charm Offensive*, 25–48.

27 Kurlantzick. *Charm Offensive*, 43–44.

28 Kurlantzick. *Charm Offensive*, 43, 51–52.

29 Thomas Lum et al., *Comparing Global Influence: China's and U.S. Diplomacy, Foreign Aid, Trade, and Investment in the Developing World* (Washington, DC: Congressional Research Service, 2008).

30 Friedberg testimony.

31 Friedberg testimony.

32 Russell Hsiao, "CCP Propaganda against Taiwan Enters the Social Age," Jamestown Foundation, China Brief 18, no. 7, 24 April 2018.

33 Keoni Everington, "China's 'Troll Factory' Targeting Taiwan with Disinformation Prior to Election," *Taiwan News* (Taipei), 5 November 2018.

34 John Costello and Joe McReynolds, *China's Strategic Support Force: A Force for a New Era* (Washington, DC: National Defense University Press, 2018), 1–2.

35 Costello and McReynolds, *China's Strategic Support Force*, 2.

36 Costello and McReynolds, *China's Strategic Support Force*, 45.

37 Rachael Burton and Mark Stokes, "The People's Liberation Army Theater Command Leadership: The Eastern Theater Command," Project 2049 Institute, 13 August 2018.

38 Gerry Groot, "The Rise and Rise of the United Front Work Department under Xi," Jamestown Foundation, China Brief 18, no. 7, 24 April 2018.

39 *Hearing on China's Worldwide Military Expansion, before the House Permanent Select Committee on Intelligence*, 115th Cong. (2018) (testimony by Capt James E. Fanell, USN [Ret]), hereafter Fanell testimony.

40 Anne-Marie Brady, "Exploit Every Rift: United Front Work Goes Global," in David Gitter et al., *Party Watch Annual Report, 2018* (Washington, DC: Center for Advanced China Research, 2018), 35.

41 Brady, "Exploit Every Rift," 36.

42 Brady, "Exploit Every Rift," 36.

43 Jonas Parello-Plesner and Belinda Li, *The Chinese Communist Party's Foreign Interference Operations: How the U.S. and Other Democracies Should Respond* (Washington, DC: Hudson Institute, 2018), 16.

44 Julie Makinen, "Chinese Social Media Platform Plays a Role in U.S. Rallies for NYPD Officer," *Los Angeles (CA)*

Times, 24 February 2016.

45 Fanell testimony.

46 Brady, "Exploit Every Rift," 34.

47 Nadège Rolland, "China's Counteroffensive in the War of Ideas," Real Clear Defense, 24 February 2020.

48 Brady, "Exploit Every Rift," 39.

第四章

1 Ross Babbage, *Winning Without Fighting: Chinese and Russian Political Warfare Campaigns and How the West Can Prevail*, vol. I (Washington, DC: Center for Strategic and Budgetary Assessments, 2019), 24.

2 Babbage, *Winning Without Fighting*, vol. I, 24.

3 Babbage, *Winning Without Fighting*, vol. I, 24.

4 Babbage, *Winning Without Fighting*, vol. I, 25.

5 *Hearing on Strategic Competition with China, before the House Committee on Armed Services*, 115th Cong. (2018) (testimony by Aaron L. Friedberg, Professor of Politics and International Affairs, Woodrow Wilson School, Princeton University), hereafter Friedberg testimony.

6 Babbage, *Winning Without Fighting*, vol. I, 25.

7 Jonas Parello-Plesner and Belinda Li, *The Chinese Communist Party's Foreign Interference Operations: How the U.S. and Other Democracies Should Respond* (Washington, DC: Hudson Institute, 2018), 3–4.

8 Mark Stokes and Russell Hsiao, *The People's Liberation Army General Political Department: Political Warfare with Chinese Characteristics* (Arlington, VA: Project 2049 Institute, 2013), 41.

9 Chris Buckley and Chris Horton, "Xi Jinping Warns Taiwan that Unification Is the Goal and Force Is an Option," *New York Times*, 1 January 2019.

10 Friedberg testimony.
11 Friedberg testimony.
12 Thomas G. Mahnken, Ross Babbage, and Toshi Yoshihara, *Countering Comprehensive Coercion: Competitive Strategies against Authoritarian Political Warfare* (Washington, DC: Center for Strategic and Budgetary Assessments, 2018), 54–57.
13 David Shambaugh, "China's Soft-Power Push: The Search for Respect," *Foreign Affairs* 94, no. 4 (July/August 2015): 99–107.
14 Anne-Marie Brady, "Exploit Every Rift: United Front Work Goes Global," in David Gitter et al., *Party Watch Annual Report, 2018* (Washington, DC: Center for Advanced China Research, 2018), 36.
15 Thomas Lum et al., *China and the U.S.: Comparing Global Influence* (Hauppauge, NY: Nova Science Publishers, 2010), 7.
16 Lum et al., *China and the U.S.*, 9–10.
17 Babbage, *Winning Without Fighting*, vol. I, 38–39.
18 *Hearing on U.S. Responses to China's Foreign Influence Operations, before the House Committee on Foreign Affairs, Subcommittee on Asia and the Pacific*, 115th Cong. (2018) (testimony by Peter Mattis, Fellow, Jamestown Foundation), hereafter Mattis testimony.
19 Mattis testimony.
20 Mattis testimony.
21 Alexander Bowe, *China's Overseas United Front Work: Background and Implications for the United States* (Washington, DC: U.S.-China Economic and Security Review Commission, 2018), 5.
22 Bowe, *China's Overseas United Front Work*, 8.
23 Mattis testimony.

24 Mattis testimony.

25 J. Michael Cole, "Unstoppable: China's Secret Plan to Subvert Taiwan," *National Interest*, 23 March 2015. The People's Liberation Army General Political Department was reorganized as the Political Work Department of the Central Military Commission in 2016.

26 Stokes and Hsiao, *The People's Liberation Army General Political Department*, 3.

27 Peter Mattis, "A Guide to Chinese Intelligence Operations," *War on the Rocks*, 18 August 2015.

28 Cortez A. Cooper III, "China's Military Is Ready for War: Everything You Need to Know," *Buzz* (blog), National Interest, 18 August 2019.

29 *Hearing on China's Worldwide Military Expansion, before the House Permanent Select Committee on Intelligence*, 115th Cong. (2018) (testimony by Capt James E. Fanell, USN [Ret]), hereafter Fanell testimony.

30 Stokes and Hsiao, *The People's Liberation Army General Political Department*, 3.

31 Elsa B. Kania, "The PLA's Latest Strategic Thinking on the Three Warfares," Jamestown Foundation, China Brief 16, no. 13, 22 August 2016.

32 Fanell testimony.

33 Cooper, "China's Military Is Ready for War."

34 David R. Ignatius, "China's Hybrid Warfare against Taiwan," *Washington Post*, 14 December 2018.

35 Fanell testimony.

36 Fanell testimony.

37 Anthony H. Cordesman and Steven Colley, *Chinese Strategy and Military Modernization in 2015: A Comparative Analysis* (Washington, DC: Center for Strategic and International Studies, 2015), 109.

38 Fanell testimony.

第五章

1 R. K. Jain, ed., *China and Thailand, 1949–1983* (New Dehli: Radiant, 1984), xxi.
2 Gungwu Wang and Chin-Keong Ng, eds., *Maritime China in Transition, 1750–1850* (Wiesbaden, Germany: Harrassowitz Verlag, 2004), 33–38.
3 Chee Kiong Tong and Kwok B. Chan, *Alternate Identities: The Chinese of Contemporary Thailand* (Leiden, Netherlands: Brill, 2001), 189–91.
4 Joseph P. L. Jiang, "The Chinese in Thailand: Past and Present," *Journal of Southeast Asian History* 7, no. 1 (March 1966): 40, https://doi.org/10.1017/S0217781100003112.
5 Benedict Anderson, "Riddles of Yellow and Red," *New Left Review* 97 (January/February 2016): 11.
6 Anderson, "Riddles of Yellow and Red," 12.
7 Jiang, "The Chinese in Thailand," 48–49.
8 Anderson, "Riddles of Yellow and Red," 13.
9 Jiang, "The Chinese in Thailand," 52.
10 Jiang, "The Chinese in Thailand," 55–58; and Shao Dan, "Chinese by Definition: Nationality Law, Jus Sanguinis, and State Succession, 1909–1980," *Twentieth-Century China* 35, no. 1 (2009): 4–28, https://doi.org/10.1179/tcc.2009.35.1.4.
11 Jiang, "The Chinese in Thailand," 56.
12 E. Bruce Reynolds, " 'International Orphans': The Chinese in Thailand during World War II," *Journal of Southeastern Asian Studies* 28, no. 2 (September 1997): 365–88, https://doi.org/10.1017/S0022463400014508.
13 Jiang, "The Chinese in Thailand," 58.
14 Jiang, "The Chinese in Thailand," 58–59.
15 Jiang, "The Chinese in Thailand," 58–59.

16 Jain, *China and Thailand*, xiii.

17 Jiang, "The Chinese in Thailand," 59.

18 Jain, *China and Thailand*, xiv.

19 Jiang, "The Chinese in Thailand," 60.

20 Jain, *China and Thailand*, xiv–xlvii.

21 Jain, *China and Thailand*, xlix, lxxii.

22 Jain, *China and Thailand*, li.

23 Jain, *China and Thailand*, lii–liii.

24 Benjamin Zawacki, *Thailand: Shifting Ground between the U.S. and a Rising China* (London: Zed Books, 2017), 40.

25 Jain, *China and Thailand*, liii, liv.

26 Zawacki, *Thailand*, 40.

27 Jain, *China and Thailand*, liv.

28 Zawacki, *Thailand*, 39–40.

29 Jain, *China and Thailand*, liii–lvi.

30 Zawacki, *Thailand*, 41.

31 Jain, *China and Thailand*, lv.

32 William P. Rogers, *United States Foreign Policy, 1969–1970: A Report of the Secretary of State*, General Foreign Policy Series (Washington, DC: U.S. Department of State, 1971), 57–59.

33 Jain, *China and Thailand*, lv.

34 Zawacki, *Thailand*, 43.

35 Jain, *China and Thailand*, lvi; and Zawacki, *Thailand*, 44.

36 Jain, *China and Thailand*, ix.
37 Jain, *China and Thailand*, lvii.
38 Zawacki, *Thailand*, 53.
39 Zawacki, *Thailand*, 49.
40 Although it claimed to have cut off aid for the CPT, the PRC sustained CPT bases in Laos and Cambodia and continued radio propaganda operations in Yunnan through 1979. It also maintained party-to-party relations between the CCP and CPT.
41 Zawacki, *Thailand*, 53.
42 Jain, *China and Thailand*, xi.
43 Jain, *China and Thailand*, ix.
44 Zawacki, *Thailand*, 59–60.
45 Zawacki, *Thailand*, 60.
46 Jain, *China and Thailand*, lxiii.
47 Gregory Vincent Raymond, *Thai Military Power: A Culture of Strategic Accommodation* (Copenhagen, Denmark: NIAS Press, 2018), 161–65, 174.
48 Jain, *China and Thailand*, lxiv, lxxv.
49 Raymond, *Thai Military Power*, 163–64.
50 Zawacki, *Thailand*, 70.
51 Zawacki, *Thailand*, 70.
52 Zawacki, *Thailand*, 68–71.
53 Zawacki, *Thailand*, 74.
54 Zawacki, *Thailand*, 77.

55 Zawacki, *Thailand*, 77.

56 Zawacki, *Thailand*, 80.

57 Zawacki, *Thailand*, 81–83.

58 Zawacki, *Thailand*, 90–92.

59 Zawacki, *Thailand*, 94.

60 Zawacki, *Thailand*, 97.

61 Benjamin Zawacki, "America's Biggest Southeast Asian Ally Is Drifting toward China," *Foreign Policy*, 29 September 2017; and Zawacki, *Thailand*, 100.

62 Anderson, "Riddles of Yellow and Red," 17.

63 Zawacki, Thailand, 106–7, 114–15.

64 Anderson, "Riddles of Yellow and Red," 13.

65 Zawacki, Thailand, 105–32.

66 Zawacki, Thailand, 125–29.

67 Zawacki, *Thailand*, 116, 127–28.

68 Kerry K. Gershaneck, discussions with Thai and foreign academics, Thailand, 2013–18.

69 Kerry K. Gershaneck, interview with a senior U.S. Department of State official, Bangkok, Thailand, 30 December 2016; and Zawacki, *Thailand*, 111–16.

70 Zawacki, *Thailand*, 130–31.

71 Kasit Piromya, interview with the author, Bangkok, Thailand, 1 May 2018, hereafter Kasit interview.

72 Benjamin Zawacki, interview with the author, 4 April 2016, hereafter Zawacki interview.

73 Zawacki, *Thailand*, 147.

74 Kristie Kenney (speech, Honolulu International Forum, Pacific Forum, Honolulu, Hawaii, 9 August 2013).

75 Zawacki, *Thailand*, 148.

76 Zawacki, *Thailand*, 194–95.

77 *Hearing on Strategic Competition with China, before the House Committee on Armed Services*, 115th Cong. (2018) (testimony by Ely Ratner, Maurice R. Greenburg Senior Fellow for China Studies, Council on Foreign Relations).

78 James E. Fanell and Kerry K. Gershaneck, "White Warships and Little Blue Men: The Looming 'Short, Sharp War' in the East China Sea over the Senkakus," *Marine Corps University Journal* 8, no. 2 (Fall 2017): 67–98, https://doi.org/10.21140/mcuj.2017080204.

79 Gershaneck, discussions with Thai and foreign academics; and Kerry K. Gershaneck, discussions with Thai military officers, Thailand, 2013–18.

80 Gershaneck, interview with a senior U.S. Department of State official.

81 Zawacki, *Thailand*, 289.

82 Kornphanat Tungkeunkunt, "China's Soft Power in Thailand," Institute of Southeast Asian Studies (Singapore), 3 June 2013.

83 Zawacki, Thailand, 289–91.

84 Anderson, "Riddles of Yellow and Red," 19.

85 Zawacki interview; and Zawacki, Thailand, 293.

86 Zawacki, *Thailand*, 293–94.

87 Thitinan Pongsudhirak, "A Recalibration between Thailand and the Outside World," *Bangkok Post* (Thailand), 2 October 2015.

88 Wassana Nanuam, Patsara Jikkham, and Anucha Charoenpo, "NCPO Boosts China Trade Ties," *Bangkok Post* (Thailand), 7 June 2014.

89 "Uni Alumni Blast U.S. 'Meddling' in Coup," *Bangkok Post* (Thailand), 2 June 2014.

90 John Blaxland and Greg Raymond, *Tipping the Balance in Southeast Asia?: Thailand, the United States and China* (Washington, DC: Center for Strategic & International Studies; Canberra, Australia: Strategic & Defence Studies Centre, Australian National University, 2017), 3–6.

91 Charlie Campbell, "Thailand PM Prayuth Chan-ocha on Turning to China over the U.S.," *Time*, 21 June 2018.

92 The term *Bamboo Diplomacy* refers to a flexible foreign policy. Kasit interview.

第六章

1 Kasit Piromya, interview with the author, Bangkok, Thailand, 1 May 2018, hereafter Kasit interview. Some Thais argue that the PRC's actual goal is to make Thailand a vassal state or even southern province, as they perceive Cambodia and Laos to currently be, but Kasit believes that the PRC understands the latent anti-Chinese sentiment in Thailand and is therefore not striving to make Thailand a vassal state.

2 Kasit interview.

3 Kasit interview. While Kasit believes that the PRC wants to minimize the Thailand-United States alliance rather than completely terminate it, others argue that the destruction of American alliances in the Asia-Pacific region has long been a goal of PRC foreign and security policy.

4 Kasit interview.

5 Peter Mattis, "An American Lens on China's Interference and Influence-Building Abroad," *Open Forum*, Asan Forum, 30 April 2018.

6 Sophie Boisseau du Rocher, "What COVID-19 Reveals about China-Southeast Asia Relations," *Diplomat*, 8 April 2020.

7 Boisseau du Rocher, "What COVID-19 Reveals about China-Southeast Asia Relations."

8 Kerry K. Gershaneck, discussions with Thai and foreign academics, Thailand, 2013–18.

9 Gershaneck, discussions with Thai and foreign academics.

10 Kasit interview.

11 Gershaneck, discussions with Thai and foreign academics.

12 Kerry K. Gershaneck, interviews with a senior U.S. Department of State official, various locations, 2018.

13 Alan Wong and Edward Wong, "Joshua Wong, Hong Kong Democracy Leader, Is Detained at Bangkok Airport," *New York Times*, 4 October 2016.

14 "China: Release Abducted Swedish Bookseller," Human Rights Watch, 17 October 2016; and "Nowhere Feels Safe: Uyghurs Tell of China-led Intimidation Campaign Abroad," Amnesty International, accessed 19 June 2020.

15 Gershaneck, discussions with Thai and foreign academics.

16 Wasamon Audjarint, "Submarine Deal Shows Thailand's Growing Reliance on China," *Nation* (Thailand), 1 June 2017. The purchase of two more ST26 submarines has been "put on hold" due to the COVID-19 pandemic. See Nontarat Phaicharoen and Wilawan Watcharasakwet, "Thai Military Suspends Deals on Foreign Weapons while Nation Battles COVID-19," *BenarNews* (Bangkok), 22 April 2020.

17 Jasmine Chia, "Thai Media Is Outsourcing Much of Its Coronavirus Coverage to Beijing and That's Just the Start," *Thai Enquirer* (Thailand), 31 January 2020.

18 Chia, "Thai Media Is Outsourcing Much of Its Coronavirus Coverage to Beijing and That's Just the Start."

19 Gershaneck, discussions with Thai and foreign academics.

20 Josh Chin, "Trump's 'Meddling' Claim Plays into China's Trade Narrative," *Wall Street Journal*, 27 September 2018.

21 Gershaneck, discussions with Thai and foreign academics.

22 Gershaneck, discussions with Thai and foreign academics.

23 Kornphanat Tungkeunkunt, "China's Soft Power in Thailand," Institute of Southeast Asian Studies (Singapore), 3

June 2013.

24 Gershaneck, discussions with Thai and foreign academics.

25 Gershaneck, discussions with Thai and foreign academics.

26 Gershaneck, discussions with Thai and foreign academics.

27 Kornphanat Tungkeunkunt, "Culture and Commerce: China's Soft Power in Thailand," *International Journal of China Studies* 7, no. 2 (August 2016): 151–73.

28 Natalie Johnson, "CIA Warns of Extensive Chinese Operation to Infiltrate American Institutions," *Washington Free Beacon*, 7 March 2018.

29 Tungkeunkunt, "Culture and Commerce," 161.

30 Gershaneck, discussions with Thai and foreign academics.

31 Zhang Hui, "More Chinese Students Turning to Belt and Road Countries," *Global Times* (Beijing), 20 September 2017; and "Thai Universities Tap into Rising Chinese Demand," *Voice of America News*, 17 January 2019.

32 Bethany Allen-Ebrahimian, "China's Long Arm Reaches into American Campuses," *Foreign Policy*, 7 March 2018.

33 Stephanie Saul, "On Campuses Far from China, Still under Beijing's Watchful Eye," *New York Times*, 4 May 2017.

34 Gerry Shih and Emily Rauhala, "Angry over Campus Speech by Uighur Activist, Students in Canada Contact Chinese Consulate, Film Presentation," Washington Post, 14 February 2019.

35 Saul, "On Campuses Far from China, Still under Beijing's Watchful Eye."

36 Gershaneck, discussions with Thai and foreign academics.

37 Tungkeunkunt, "China's Soft Power in Thailand."

38 Gershaneck, discussions with Thai and foreign academics.

39 "China, Thailand Hold Strategic Consultations," Xinhua News Agency (Beijing), 16 February 2019.

40 Gershaneck, discussions with Thai and foreign academics.

41 Bill Gertz, "Chinese Think Tank Also Serves as Spy Arm," *Washington Times*, 28 September 2011.
42 Gershaneck, discussions with Thai and foreign academics.
43 Gershaneck, discussions with Thai and foreign academics.
44 James Griffiths, "Nnevvy: Chinese Troll Campaign on Twitter Exposes a Potentially Dangerous Disconnect with the Wider World," CNN, 15 April 2020.

第七章

1 Mark Stokes and Russell Hsiao, *The People's Liberation Army General Political Department: Political Warfare with Chinese Characteristics* (Arlington, VA: Project 2049 Institute, 2013), 3.
2 Steven M. Goldstein, *China and Taiwan* (Malden, MA: Polity Press, 2015), 1–3.
3 "White Paper: The One-China Principle and the Taiwan Issue," Taiwan Affairs Office and Information Office of the State Council, People's Republic of China, 21 February 2000.
4 Taiwan's overseas presence is extensive, with offices in 73 countries, but most of these missions are unofficial and have no formal status. See Michael Reilly, "Lessons for Taiwan's Diplomacy from Its Handing of the Coronavirus Pandemic," Global Taiwan Institute, Global Taiwan Brief 5, no. 9, 6 May 2020.
5 Kat Devlin and Christine Huang, "In Taiwan, Views of Mainland China Mostly Negative: Closer Taiwan-U.S. Relations Largely Welcomed, Especially Economically," Pew Research Center, 12 May 2020.
6 Tillman Durdin, "Formosa Killings Are Put at 10,000: Foreigners Say the Chinese Slaughtered Demonstrators without Provocation," *New York Times*, 29 March 1947.
7 Goldstein, *China and Taiwan*, 5–6.
8 Goldstein, *China and Taiwan*, 5–6.
9 Devlin and Huang, "In Taiwan, Views of Mainland China Mostly Negative."

10 Goldstein, *China and Taiwan*, 19–21.

11 Taiwan Relations Act, Pub L. No. 96-8, 93 Stat. 14 (1979).

12 Harvey Feldman, "President Reagan's Six Assurances to Taiwan and Their Meaning Today," Heritage Foundation, 2 October 2007.

13 Gerrit van der Wees, "The Taiwan Travel Act in Context," *Diplomat*, 19 March 2018.

14 Goldstein, *China and Taiwan*, 3–8.

15 Donald J. Trump, "United States Strategic Approach to the People's Republic of China," White House, 20 May 2020.

16 Michael J. Pence, "Remarks by Vice President Pence on the Administration's Policy toward China" (speech, Hudson Institute, Washington, DC, 4 October 2018).

17 van der Wees, "The Taiwan Travel Act in Context."

18 Stacy Hsu et al., "Trump Signs TAIPEI Act into Law," *Focus Taiwan* (Taipei), 27 March 2020.

19 Edward L. Dreyer, "The Myth of 'One China'," in Peter C. Y. Chow, ed., *The "One China" Dilemma* (New York: Palgrave Macmillan, 2008), 19, https://doi.org/10.1057/9780230611931_2.

20 Dreyer, "The Myth of 'One China'," 20.

21 Dreyer, "The Myth of 'One China'," 20, 26.

22 Dreyer, "The Myth of 'One China'," 21–22.

23 Dreyer, "The Myth of 'One China'," 26; and J. Bruce Jacobs, "Paradigm Shift Needed on Taiwan," *Taipei Times* (Taiwan), 16 November 2018.

24 Steve Yui-Sang Tsang, ed., *In the Shadow of China: Political Development in Taiwan since 1949* (Honolulu, HI: University of Hawai'i Press, 1993), 169–71.

25 Dreyer, "The Myth of 'One China'," 20.

26 George H. Kerr, *Formosa Betrayed*, 2d ed. (Upland, CA: Taiwan Publishing, 1992), 26.
27 Dreyer, "The Myth of 'One China'," 28.
28 Kerr, *Formosa Betrayed*, 26.
29 Dreyer, "The Myth of 'One China'," 28–29.
30 Dreyer, "The Myth of 'One China'," 20, 29.
31 Kerr, *Formosa Betrayed*, 27.
32 Dreyer, "The Myth of 'One China'," 29–30.
33 Goldstein, *China and Taiwan*, 14.
34 Dreyer, "The Myth of 'One China'," 30.
35 Frank S. T. Hsiao and Lawrence R. Sullivan, "The Chinese Communist Party and the Status of Taiwan, 1928–1943," *Pacific Affairs* 52, no. 3 (Autumn 1979): 446–67, https://doi.org/10.2307/2757657.
36 Edgar Snow, *Red Star Over China: The Rise of the Red Army* (London: V. Gollancz, 1937), 88–89. Taiwan was also known as Formosa while under Japanese rule from 1895 to 1945.
37 Hsiao and Sullivan, "The Chinese Communist Party and the Status of Taiwan," 451.
38 Hsiao and Sullivan, "The Chinese Communist Party and the Status of Taiwan," 455.
39 Dreyer, "The Myth of 'One China'," 31–32.
40 Kerr, *Formosa Betrayed*, 25–27.
41 Goldstein, *China and Taiwan*, 18.
42 Goldstein, *China and Taiwan*, 14.
43 Kerr, *Formosa Betrayed*, 114–15.
44 Kerr, *Formosa Betrayed*, 114–15.
45 Goldstein, *China and Taiwan*, 14–15; and Kerr, *Formosa Betrayed*, 310.

46 Russell Hsiao, "Political Warfare Alert: CCP-TDSGL Appropriates Taiwan's 2-28 Incident," Global Taiwan Institute, Global Taiwan Brief 2, no. 9, 1 March 2017.
47 Goldstein, *China and Taiwan*, 15.
48 Goldstein, *China and Taiwan*, 15.
49 Goldstein, *China and Taiwan*, 15–16.
50 Kerr, *Formosa Betrayed*, 369.
51 Jonathan Manthorpe, *Forbidden Nation: A History of Taiwan* (New York: Palgrave Macmillan, 2005), 204–7.
52 Jacobs, "Paradigm Shift Needed on Taiwan."
53 Russell Hsiao, "CCP Propaganda against Taiwan Enters the Social Age," Jamestown Foundation, China Brief 18, no. 7, 24 April 2018.
54 Stokes and Hsiao, *The People's Liberation Army General Political Department*, 6–7.
55 Stokes and Hsiao, *The People's Liberation Army General Political Department*, 7–8.
56 Stokes and Hsiao, *The People's Liberation Army General Political Department*, 8.
57 Stokes and Hsiao, *The People's Liberation Army General Political Department*, 8.
58 Kerr, *Formosa Betrayed*, 437–38.
59 Stokes and Hsiao, *The People's Liberation Army General Political Department*, 8.
60 Hsiao, "CCP Propaganda against Taiwan Enters the Social Age."
61 Kerr, *Formosa Betrayed*, 438–41.
62 Stokes and Hsiao, *The People's Liberation Army General Political Department*, 8.
63 Goldstein, *China and Taiwan*, 19–20.
64 Stokes and Hsiao, *The People's Liberation Army General Political Department*, 8.
65 Stokes and Hsiao, *The People's Liberation Army General Political Department*, 9.

66 Stokes and Hsiao, *The People's Liberation Army General Political Department*, 9–10.
67 Hsiao, "CCP Propaganda against Taiwan Enters the Social Age."
68 Goldstein, *China and Taiwan*, 41.
69 Hungdah Chiu, ed., *China and the Taiwan Issue* (New York: Praeger, 1979), 129.
70 Chiu, *China and the Taiwan Issue*, 134.
71 Kerry K. Gershaneck, discussions with senior ROC political warfare officers, Fu Hsing Kang College, National Defense University, Taipei, Taiwan, 2018.
72 Hsiao, "CCP Propaganda against Taiwan Enters the Social Age."
73 Goldstein, *China and Taiwan*, 56–58.
74 Stokes and Hsiao, *The People's Liberation Army General Political Department*, 10.
75 Stokes and Hsiao, *The People's Liberation Army General Political Department*, 10–11.
76 Stokes and Hsiao, *The People's Liberation Army General Political Department*, 11.
77 Yau Wai-ching, "Democracy's Demise in Hong Kong," *New York Times*, 16 September 2018.
78 Stokes and Hsiao, *The People's Liberation Army General Political Department*, 11.
79 Russell Hsiao, "Political Warfare Alert: Fifth 'Linking Fates' Cultural Festival of Cross-Strait Generals," Global Taiwan Institute, Global Taiwan Brief 2, no. 2, 11 January 2017.
80 Stokes and Hsiao, *The People's Liberation Army General Political Department*, 11–12.
81 Stokes and Hsiao, *The People's Liberation Army General Political Department*, 12.
82 Gershaneck, discussions with senior ROC political warfare officers.
83 Stokes and Hsiao, *The People's Liberation Army General Political Department*, 12–13.
84 Stokes and Hsiao, *The People's Liberation Army General Political Department*, 13.
85 Goldstein, *China and Taiwan*, 73–74.

86 Hsiao, "Political Warfare Alert: CCP-TDSGL Appropriates Taiwan's 2-28 Incident."
87 Goldstein, *China and Taiwan*, 82–83.
88 Goldstein, *China and Taiwan*, 86, 93.
89 Goldstein, *China and Taiwan*, 88–89.
90 Goldstein, *China and Taiwan*, 88–89.
91 Jason Pan, "New Party's Wang, Others Charged with Espionage," *Taipei Times* (Taiwan), 14 June 2018.
92 Goldstein, *China and Taiwan*, 92, 95–96.
93 Goldstein, *China and Taiwan*, 95–96.
94 Goldstein, *China and Taiwan*, 105–6.
95 Goldstein, *China and Taiwan*, 107–9.
96 Goldstein, *China and Taiwan*, 110–13.
97 Goldstein, *China and Taiwan*, 113–17.
98 J. Michael Cole, "Unstoppable: China's Secret Plan to Subvert Taiwan," *National Interest*, 23 March 2015.
99 Goldstein, *China and Taiwan*, 120; and Kerry K. Gershaneck, interviews with a senior U.S. Department of State official, various locations, 2018–20.
100 H. H. Lu and Evelyn Kao, "President Ma Counters Criticism of His Flexible Diplomacy," Central News Agency (Taipei), 29 December 2015.
101 Gershaneck, discussions with senior ROC political warfare officers.
102 Gershaneck, discussions with senior ROC political warfare officers.
103 Nadia Tsao et al., "Ma Years 'Dark Decade' in Intelligence War: Analyst," *Taipei Times* (Taiwan), 2 October 2018.
104 Gershaneck, discussions with senior ROC political warfare officers.
105 Gershaneck, discussions with senior ROC political warfare officers.

106 Associated Press, "Thousands in Taiwan Protest Talks with China," *New York Times*, 25 October 2008.

107 Austin Ramzy, "As Numbers Swell, Students Pledge to Continue Occupying Taiwan's Legislature," *New York Times*, 22 March 2014.

108 Bill Ide, "Taiwan China Historic Talks Fuel Criticism at Home," *Voice of America News*, 8 November 2015.

109 Goldstein, *China and Taiwan*, 125–28.

110 Lawrence Chung, "Former Taiwan President Ma Ying-Jeou Sentenced to 4 Months in Prison for Leaking Information," *South China Morning Post* (Hong Kong), 15 May 2018.

111 David W. F. Huang, " 'Cold Peace' and the Nash Equilibrium in Cross-Straits Relations (Part 1)," Global Taiwan Institute, Global Taiwan Brief 1, no. 12, 7 December 2016.

112 Huang, " 'Cold Peace' and the Nash Equilibrium in Cross-Straits Relations (Part 1)."

113 David W. F. Huang, " 'Cold Peace' and the Nash Equilibrium in Cross-Straits Relations (Part 2)," Global Taiwan Institute, Global Taiwan Brief 2, no. 2, 11 January 2017.

114 Josh Rogin, "China's Interference in the 2018 Elections Succeeded—in Taiwan," *Washington Post*, 18 December 2018.

115 Gershaneck, discussions with senior ROC political warfare officers.

116 Gershaneck, discussions with senior ROC political warfare officers.

117 Rogin, "China's Interference in the 2018 Elections Succeeded—in Taiwan."

118 Chris Buckley and Chris Horton, "Xi Jinping Warns Taiwan that Unification Is the Goal and Force Is an Option," *New York Times*, 1 January 2019.

119 Buckley and Horton, "Xi Jinping Warns Taiwan that Unification Is the Goal and Force Is an Option."

120 Gary Schmitt and Michael Mazza, *Blinding the Enemy: CCP Interference in Taiwan's Democracy* (Washington, DC: Global Taiwan Institute, 2019), 12–13.

121 "60 Countries Have Congratulated Taiwan's President Tsai on Re-election: MOFA," *Taiwan News* (Taipei), 13 January 2020.

122 Jens Kastner, "Beijing's Man in Taiwan Crashes and Burns," *Asia Sentinel* (Hong Kong), 12 May 2020.

123 Bethany Allen-Ebrahimian, "China Steps Up Political Interference ahead of Taiwan's Elections," Axios, 10 January 2020; and Kastner, "Beijing's Man in Taiwan Crashes and Burns."

124 "How 'Fake News' and Disinformation Were Spread in the Run-up to Taiwan's Presidential Elections," Advox Global Voices, 22 January 2020.

125 Allen-Ebrahimian, "China Steps Up Political Interference ahead of Taiwan's Elections."

126 "How 'Fake News' and Disinformation Were Spread in the Run-up to Taiwan's Presidential Elections."

127 Allen-Ebrahimian, "China Steps Up Political Interference ahead of Taiwan's Elections."

128 Anastasya Lloyd-Damnjanovic, *Beijing's Deadly Game: Consequences of Excluding Taiwan from the World Health Organization during the COVID-19 Pandemic* (Washington, DC: U.S.-China Economic and Security Review Commission, 2020).

129 Lloyd-Damnjanovic, *Beijing's Deadly Game.*

130 "Chinese FM Slams Taiwan DPP for Colluding with U.S. to Seek WHA Attendance," *Global Times* (Beijing), 15 May 2020.

131 Li Zhenguang, "Evil Design behind U.S.' Taiwan Rant," *China Daily* (Beijing), 15 May 2020.

132 Didi Tang, "China's Island War Games 'Simulating Seizure' Rattle Taiwan," *Times* (London), 15 May 2020.

133 Lloyd-Damnjanovic, *Beijing's Deadly Game.*

134 Tang, "China's Island War Games 'Simulating Seizure' Rattle Taiwan."

135 Minnie Chan, "China Tries to Calm 'Nationalist Fever' as Call for Invasion of Taiwan Grow," *South China Morning Post* (Hong Kong), 10 May 2020.

136 Yang Sheng, "Taiwan Separatists Panic as Mainland Drops 'Peaceful' in Reunificiation Narrative," *Global Times* (Beijing), 23 May 2020.

第八章

1 Dan Southerland, "Unable to Charm Taiwan into Reunification, China Moves to Subvert Island's Democracy," Radio Free Asia, 25 May 2018.

2 Alexander Bowe, *China's Overseas United Front Work: Background and Implications for the United States* (Washington, DC: U.S.-China Economic and Security Review Commission, 2018), 18–19.

3 Kerry K. Gershaneck, discussions with senior ROC political warfare officers, Fu Hsing Kang College, National Defense University, Taipei, Taiwan, 2018.

4 *Hearing on China's Relations with U.S. Allies and Partners in Europe and the Asia Pacific, before the U.S.-China Economic and Security Review Commission*, 115th Cong. (2018) (testimony, Russell Hsiao, Executive Director, Global Taiwan Institute), hereafter Hsiao testimony.

5 Gershaneck, discussions with senior ROC political warfare officers.

6 Marcel Angliviel de la Beaumelle, "The United Front Work Department: 'Magic Weapon' at Home and Abroad," Jamestown Foundation, China Brief 17, no. 9, 6 July 2017.

7 Hsiao testimony.

8 Chung Li-hua and Sherry Hsiao, "China Targets 10 Groups for 'United Front'," *Taipei Times* (Taiwan), 15 January 2018.

9 Chung and Hsiao, "China Targets 10 Groups for 'United Front'."

10 June Teufel Dreyer, "A Weapon without War: China's United Front Strategy," Foreign Policy Research Institute, 6 February 2018.

11 Russell Hsiao, "Political Warfare Alert: Fifth 'Linking Fates' Cultural Festival of Cross-Strait Generals," Global Taiwan Institute, Global Taiwan Brief 2, no. 2, 11 January 2017.

12 J. Michael Cole, "Unstoppable: China's Secret Plan to Subvert Taiwan," *National Interest*, 23 March 2015.

13 Russell Hsiao, "CCP Propaganda against Taiwan Enters the Social Age," Jamestown Foundation, China Brief 18, no. 7, 24 April 2018.

14 Bowe, *China's Overseas United Front Work*, 3–16.

15 Similar to the United States, Taiwan's political party system is color-coded in popular discourse. The DPP leads the pan-Green Coalition, named for the DPP party colors, which normally includes the Taiwan Independence Party, the Taiwan Solidarity Union, and the New Power Party. This coalition favors "Taiwanization" and independence for Taiwan as opposed to "reunification" with the PRC. The KMT leads the pan-Blue Coalition, named for the KMT party colors, which normally includes the People First Party, the New Party and the Non-Partisan Solidarity Union. This coalition favors a Chinese nationalist identity over a separate Taiwanese one as well as close political and economic ties with the PRC. It has historically supported Taiwan's "reunification" with the PRC but now often proclaims that it supports the "political status quo." The author coined the term *pan-Red academic* to describe Taiwanese academics who support Taiwan's absorption into the PRC and who consistently parrot PRC propaganda narratives. Key Taiwan officials and academics with whom the author discussed the term agreed that pan-Red academic is a valid descriptor.

16 Kerry K. Gershaneck, discussions with Taiwanese academics and government officials, Taiwan, 2018–20.

17 Kerry K. Gershaneck, discussions with Taiwanese and foreign graduate students, Taiwan, 2018–20.

18 Gershaneck, discussions with Taiwanese academics and government officials.

19 Bilahari Kausikan, "An Expose of How States Manipulate Other Countries' Citizens," *Straits Times* (Singapore), 1 July 2018.

20 Gershaneck, discussions with Taiwanese academics and government officials.

21 Study International reports that while 2,136 Chinese students were approved to attend Taiwan universities in 2016, only 1,000 were allowed to do so in 2017. See "China Doesn't Want Its Students to Study in Taiwan," Study International, 7 July 2017.

22 Fan Lingzhi, "Taiwan Professor Plays Victim in 'Apology' for Discriminatory Remarks against Mainland Student," *Global Times* (Beijing), 12 May 2020.

23 "China Doesn't Want Its Students to Study in Taiwan."

24 Gershaneck, discussions with senior ROC political warfare officers.

25 Josh Rogin, "China's Interference in the 2018 Elections Succeeded—in Taiwan," *Washington Post*, 18 December 2018.

26 Chris Buckley and Chris Horton, "Xi Jinping Warns Taiwan that Unification Is the Goal and Force Is an Option," *New York Times*, 1 January 2019.

27 Chris Massaro, "China Tightens Noose around Taiwan while Challenging U.S. Primacy," Fox News, 3 October 2019.

28 David W. F. Huang, " 'Cold Peace' and the Nash Equilibrium in Cross-Straits Relations (Part 2)," Global Taiwan Institute, Global Taiwan Brief 2, no. 2, 11 January 2017.

29 Huang, " 'Cold Peace' and the Nash Equilibrium in Cross-Straits Relations (Part 2)."

30 Gershaneck, discussions with senior ROC political warfare officers.

31 Huang, "Beating of Students in Taiwan Puts Spotlight on Chinese Regime's Influence."

32 Gary Schmitt and Michael Mazza, *Blinding the Enemy: CCP Interference in Taiwan's Democracy* (Washington, DC: Global Taiwan Institute, 2019), 12–13.

33 Teufel Dreyer, "A Weapon without War."

34 David R. Ignatius, "China's Hybrid Warfare against Taiwan," *Washington Post*, 14 December 2018.

35 Rachael Burton and Mark Stokes, "The People's Liberation Army Theater Command Leadership: The Eastern Theater Command," Project 2049 Institute, 13 August 2018.

36 Burton and Stokes, "The People's Liberation Army Theater Command Leadership."

37 Mark Stokes and Russell Hsiao, *The People's Liberation Army General Political Department: Political Warfare with Chinese Characteristics* (Arlington, VA: Project 2049 Institute, 2013), 29.

38 J. Michael Cole, *Convergence or Conflict in the Taiwan Strait: The Illusion of Peace?* (Abingdon, UK: Routledge, 2017), 68. Emphasis in original.

39 Hsiao, "CCP Propaganda against Taiwan Enters the Social Age."

40 Hsiao, "CCP Propaganda against Taiwan Enters the Social Age."

41 Keoni Everington, "China's 'Troll Factory' Targeting Taiwan with Disinformation Prior to Election," *Taiwan News* (Taipei), 5 November 2018.

42 Everington, "China's 'Troll Factory' Targeting Taiwan with Disinformation Prior to Election."

43 Everington, "China's 'Troll Factory' Targeting Taiwan with Disinformation Prior to Election."

44 Hsiao, "CCP Propaganda against Taiwan Enters the Social Age."

45 Russell Hsiao, "China's Intensifying Pressure Campaign against Taiwan," Jamestown Foundation, China Brief 18, no. 11, 19 June 2018.

46 Hsiao, "CCP Propaganda against Taiwan Enters the Social Age."

47 J. Michael Cole, "Will China's Disinformation War Destabilize Taiwan?," *National Interest*, 30 July 2017.

48 Gershaneck, discussions with senior ROC political warfare officers.

49 Alexa Grunow, "WeChat Uses International Accounts to Advance Censorship in China," Organization for World Peace, 11 May 2020.

50 Julie Makinen, "Chinese Social Media Platform Plays a Role in U.S. Rallies for NYPD Officer," *Los Angeles (CA) Times*, 24 February 2016; and Gerry Shih and Emily Rauhala, "Angry over Campus Speech by Uighur Activist, Students in Canada Contact Chinese Consulate, Film Presentation," *Washington Post*, 14 February 2019.

第九章

1 Eric Chan and 1stLt Peter Loftus, USAF, "Chinese Communist Party Information Warfare: U.S.-China Competition during the COVID-19 Pandemic," *Air Force Journal of Indo-Pacific Affairs* 3, no. 2 (May 2020); and Sophie Boisseau du Rocher, "What COVID-19 Reveals about China-Southeast Asia Relations," *Diplomat*, 8 April 2020.

2 The Global Engagement Center has been criticized for being too heavily focused on the threat of Russia, with little focus on sophisticated Chinese disinformation and information warfare operations, and for failing to help educate the American public about the PRC threat. See Bill Gertz, "Inside the Ring: Global Engagement Secrecy," *Washington Times*, 11 March 2020.

3 Ross Babbage, *Winning Without Fighting: Chinese and Russian Political Warfare Campaigns and How the West Can Prevail*, vol. I (Washington, DC: Center for Strategic and Budgetary Assessments, 2019), 80.

4 Michael Dhunjishah, "Countering Propaganda and Disinformation: Bring Back the Active Measures Working Group?," *War Room*, 7 July 2017.

5 Kerry K. Gershaneck, "PRC Threat Obliges Political Defense," *Taipei Times* (Taipei), 10 July 2019.

6 *Hearing on U.S. Responses to China's Foreign Influence Operations, before the House Committee on Foreign Affairs, Subcommittee on Asia and the Pacific*, 115th Cong. (2018) (testimony by Peter Mattis, Fellow, Jamestown Foundation), hereafter Mattis testimony.

7 Mattis testimony.

8 Mattis testimony.

9 Mattis testimony.

10 Mattis testimony.

附錄

1 George F. Kennan, "The Inauguration of Organized Political Warfare," Office of the Historian of the State Department, 4 May 1948.

焦點系列 027

中國滲透

揭開中共不戰而屈人之兵的隱形攻勢

Political Warfare : Strategies for Combating China's Plan to "Win Without Fighting"

作　　者　凱瑞．葛宣尼克 Kerry K. Gershaneck
譯　　者　余宗基、簡妙娟
總 編 輯　許訓彰
資深主編　李志威
校　　對　黃茂森、吳昕儒、許訓彰
封面設計　兒日設計
內文排版　菩薩蠻數位文化有限公司

行銷經理　胡弘一
企畫主任　朱安棋
業務主任　林苡蓁
印　　務　詹夏深

出 版 者　今周刊出版社股份有限公司
發 行 人　梁永煌
社　　長　謝春滿

地　　址　台北市中山區南京東路一段 96 號 8 樓
電　　話　886-2-2581-6196
傳　　真　886-2-2531-6438
讀者專線　886-2-2581-6196 轉 1
劃撥帳號　19865054
戶　　名　今周刊出版社股份有限公司
網　　址　http://www.businesstoday.com.tw

總 經 銷　大和書報股份有限公司
製版印刷　緯峰印刷股份有限公司
初版一刷　2024 年 5 月
定　　價　450 元

國家圖書館出版品預行編目(CIP)資料

中國滲透：揭開中共不戰而屈人之兵的隱形攻勢／凱瑞.葛宣尼克(Kerry K. Gershaneck)著；余宗基, 簡妙娟譯. -- 初版. -- 臺北市：今周刊出版社股份有限公司, 2024.05
336面；14.8×21公分. -- (焦點系列；27)
譯自：Political warfare : strategies for combating China's plan to "win without fighting"
ISBN 978-626-7266-69-4(平裝)

1.CST: 政治作戰 2.CST: 戰略 3.CST: 中國

591.74　　113003754

Originally published in 2020 and second published in 2022 by Marine Corps University Press.
Traditional Chinese translation rights arranged through Kerry K. Gershaneck.

Printed in Taiwan